科技是第一生产力

人才是第一资源

创新是第一动力

磅礴时代
强国征程的科技力量

中国科学技术协会　组编

中国科学技术出版社
·北　京·

编 委 会

支持单位

（按汉语拼音排序）

爱达邮轮有限公司
北京大学王选计算机研究所王选纪念室
港珠澳大桥管理局
国家超级计算无锡中心
国家国防科技工业局探月与航天工程中心
国家海洋局极地考察办公室
国家杂交水稻工程技术研究中心
吉林大学地球探测科学与技术学院
南水北调中线干线工程建设管理局
深圳华大生命科学研究院
太原钢铁（集团）有限公司
徐工集团工程机械股份有限公司
徐州工程机械集团有限公司
中国长江三峡集团有限公司
中国船舶集团公司第七〇二研究所
中国地质科学院
中国国家铁路集团有限公司
中国海洋石油集团有限公司
中国核工业集团
中国科学院超导国家重点实验室
中国科学院大气物理研究所
中国科学院等离子体物理研究所
中国科学院动物研究所
中国科学院高能物理研究所
中国科学院青藏高原研究所
中国科学院沈阳自动化研究所
中国科学院遗传与发育生物学研究所
中国空间技术研究院
中国人民解放军信息工程大学邬江兴院士办公室
中国商用飞机有限责任公司
中国石油化工集团有限公司
中国铁路青藏集团有限公司
中国载人航天工程办公室
中国中铁工程装备集团有限公司

序

科技兴则民族兴，科技强则国家强。当今世界，科技实力直接决定着国家和民族的前途和命运。乘历史大势而上，走人间正道致远。新征程上，每一次勇闯科技“无人区”的出发，每一个迈向科技自立自强的足印，都是中国科技创新活力的见证，更是时代大潮奔涌的磅礴之力。

2024年是新中国成立七十五周年。七十五年砥砺奋进，七十五载春华秋实。中国科技事业日新月异，成为推动经济社会发展的重要原动力，为我国综合国力的提升提供了重要支撑。

新时代新征程，党的十八大以来，以习近平同志为核心的党中央立足党和国家事业发展战略全局，把握世界大势和时代潮流，把科技创新摆在国家发展全局的核心位置，把科技自立自强作为我国现代化建设的战略支撑，深刻阐明了我国科技创新的战略地位、战略目标、战略方针、重大举措、制度保障、关键力量、生态体系、根本保证，提出了一系列新思想新观点新论断新要求。习近平总书记关于科技自立自强的重要论述是党的创新理论的重要组成部分，代表了我们党对实现国家富强规律和科技创新发展规律认识的新高度。

我们党历来高度重视科技事业发展。党的十八大以来，党中央深入推动实施创新驱动发展战略，提出加快建设创新型国家的战略任务，确立2035年建成科技强国的奋斗目标，不断深化科技体制改革，充分激发科技人员积极性、主动性、创造性，有力推进科技自立自强，我国科技事业取得历史性成就、发生历史性变革。

向海图强 载人潜水器“奋斗者号”劈波斩浪，探底全球海洋最深处；“深海一号”傲立南海，将油气资源源源不断地送往大湾区；“雪龙2号”南下北上，在地球两极破冰斩浪。一次次攻坚克难，一次次勇闯深海。海洋强国的豪迈理想，是中华民族探索海洋的不竭动力，也是纵横万里海疆的信念风帆。

挺进深地 “地壳一号”万米钻机刷新我国大陆科学钻探纪录，“松科”2井钻穿白垩纪陆相地层，“中国盾”穿山打隧、铿锵掘进，“深地塔科”1井刷新中国钻探深度的新坐标。中国科学家披荆斩棘，用潜心科研、矢志报国的赤诚穿透坚硬的地层，书写中国“深地时代”的新篇章。听，轰鸣的钻机声在古老的地层回响，那是属于奋进者的旋律。

大国制造 中国的“钢铁巨龙”精准完成超高高度风电吊装，国产大型邮轮驶向大海，C919冲上云霄。从高端装备到精密仪器，从重大工程到基础材料，一件件大国重器凝聚着中国智慧，诠释着中国实力，托举起中国制造的强国梦。

交通先行　“复兴号”追风掣电，跑出中国发展加速度；港珠澳大桥一桥连三地，横跨在伶仃洋的碧波之上；洋山自动化码头拥抱世界，见证高质量发展的新时代巨轮巍然前行。这是一幅经济发展的画卷，也是“交通强国”之路上以自主创新成就自我超越的最好诠释。

格物致知　南仁东用他的一生叩问苍穹，打开了望向宇宙深处的“中国天眼”；干细胞研究破译生命密码，探索发育的奥义；我国科学家首次实现了二氧化碳到淀粉的从头合成，开辟了新的技术路线。从未知到已知，基础研究之路或许征途漫漫，但从不缺乏行路者。他们以“把冷板凳坐热”的决心和耐心成就每一个科学梦想。

绿水青山　渠通南北，壁立西江。惠及数亿人口的“南水北调”工程架起“人间天河”，“西电东送”工程点亮世界最大清洁能源走廊，青藏科考探秘地球之巅。科技工作者在广袤的祖国大地上撒下绿色发展的种子，绘就一幅“绿水青山就是金山银山”、人与自然和谐发展的“美丽中国”崭新画卷。

数生万物　“东数西算”织就全国算力一张网，天地一体智能化网络空间搭建“万物智联”，超级计算刷新中国速度。算力构建千模万态，数字赋能千行百业。今天，数字化无处不在，改变着人们的生活，催生着社会的蝶变。

逐梦九天　飞天梦，融在华夏民族的血液里，激励一代代有志之士前赴后继、逐梦天际。而今，中国空间站遨游太空，“嫦娥”携月壤返回地球，“羲和”首探太阳，“祝融”造访火星，“广寒宫”不再遥远，“天宫”也被赋予了新的浪漫。但探索太空不仅需要浪漫的想象，还需要脚踏实地的执着。去看更远的星空，是梦想的远航，也是中国科技自立自强的跋涉之旅。

新征程上，完整、准确、全面贯彻新发展理念，推动以高水平科技自立自强支撑中国式现代化，是新时代赋予科技工作者的光荣使命。广大科技工作者要紧密团结在以习近平同志为核心的党中央周围，深刻领悟“两个确立”的决定性意义，增强“四个意识”、坚定“四个自信”、做到“两个维护”，踔厉奋发、勇毅前行，攻坚克难、团结奋斗，为建设世界科技强国、实现中华民族伟大复兴的中国梦贡献智慧和力量！

中国科学院院士

“羲和号”科学总顾问 方成

2024 年 7 月

目录

向海图强

挺进深地

大国制造

交通先行

格物致知

绿水青山

数生万物

逐梦九天

附录　新中国成立75周年重大科技成就撷英

一支科研本领过硬的深潜技术研发团队，为之后大深度载人潜水器的研制提供了坚实技术支撑。

20世纪70—80年代，人们对海洋认知和深海资源开发的需求不断增长，对国际海底资源勘探的需求也随之增长。一些发达国家于20世纪80—90年代相继研发出6000米级的载人潜水器，从事深海资源勘探和科学研究。

21世纪，人类进入大规模开发利用海洋的时期。党的十九大报告指出："坚持陆海统筹，加快建设海洋强国。"探索认知海洋是开发利用和保护海洋的先决条件。为加快建设海洋强国，开发利用深海资源、保护深海生态环境、维护深海权益、保障深海安全，发展相应的装备必须先行。

2002年，7000米载人潜水器研制工作启动，这就是我国首台自行设计、自主集成研制的"蛟龙号"。2012年7月，"蛟龙号"在马里亚纳海沟成功下潜至7062米，创造了中国载人深潜纪录，标志着我国具备了可到达全球99.8%的海洋开展作业的能力。

为提高我国深潜装备关键技术的自主可控能力，早在2009年"蛟龙号"尚未完成海试之时，科技部就布局了4500米载人潜水器也就是"深海勇士号"设计与关键技术研究项目。历经8年持续艰苦攻关，"深海勇士号"实现载人舱、浮力材料、锂电池、推进器、海水泵、机械手、液压系统、声学通信、水下定位、控制软件10大关键部件的国产化，并于2017年10月成功完成海试，为深海载人深潜高端装备"中国制造”探索出一条切实可行的路径，实现了我国载人潜水器由集成创新向自主创新的历史性跨越。

有了“蛟龙号”和“深海勇士号”的基础，瞄准全球海洋最深处逐步成为可能。2016 年，科技部支持“奋斗者号”全海深载人潜水器研制项目，开启历时 5 年的集智攻关工作。2020 年 11 月，“奋斗者号”在马里亚纳海沟完成 8 次万米级下潜，并且实现全球首次万米深海作业现场的高清视频直播，标志着我国具备进入世界海洋最深处开展科学探索和研究的能力，实现在同类型载人深潜装备方面的超越和引领。

△“深海勇士号”

“用字当头”是大深度载人潜水器工程研发的首要宗旨。“要用”是工程立项的原动力，“顶用”是工程发挥作用的生命力，“用好”是工程寿命期实现的保障。截至2024年3月，“蛟龙号”“深海勇士号”“奋斗者号”三台大深度载人潜水器已累计下潜超过1100次，近三年全球一半以上的载人深潜任务由它们完成。

我国载人深潜遵循严谨的科学发展路线，一步一个脚印走出中国特色的自立自强之路，实现了自主设计、自主制造、关键技术自主可控，特别是在设计计算方法、基础材料、建造工艺、通信导航、智能控制、能源动力等方面，实现了由“中国制造”向“中国创造”的跨越。以“奋斗者号”的核心部件载人球舱为例，其钛合金板材由我国自主研发，强度高、韧性好、可焊性强，是国际上30年来在载人深潜技术新材料应用上取得的首次突破。

地球上的海洋深度是有限的，但探索深海奥秘、开发深海资源、保障深海安全的技术发展是永无止境的，我国深潜技术前进的征途仍任重而道远。未来，以服务国家战略和深度科技创新为使命，深潜装备与技术将进一步面向实际应用场景进行工程化开发，实现多种类型载人及无人装备的全海域、协同化、大型化、作业化发展，更好满足深海勘探、矿产开发、科考作业、深海救援等需求。科研工作者将进一步践行“严谨求实、团结协作、拼搏奉献、勇攀高峰”的中国载人深潜精神，勇攀深海科技高峰，助力海洋强国建设，为人类认识、保护、开发海洋不断做出新的更大贡献。

知识链接

深海潜水器

“深海进入”“深海探测”和“深海开发”是中国深海战略“三部曲”。深海进入技术即人们得以到达深海现场的技术，也就是深潜技术；深海探测技术是到达深海现场后进行勘查的技术；深海开发技术则面向资源开采，是以服务人类发展为直接目的的技术。

深潜是直观的深海探索，也是实现深海资源开发的第一步。如何才能潜入深海？以深海潜水器为代表的深潜装备，能够运载电子装置、机械设备以及工程技术人员、科学家等，快速精确地到达各种深海复杂环境，进行高效勘探和科学考察，是实现“深海进入”、实施深海发展战略必不可少的一项技术手段。

深海潜水器主要分为无人潜水器与载人潜水器两大类。各类潜水器有不同特点，分工明确。如水下滑翔机和自主无人潜水器机动灵活，可以开展区域性的综合调查；带缆遥控无人潜水器可由人员在甲板上操控，能源通过缆索从甲板上供应，是大功率作业的必需手段；载人潜水器的优势则在于定点精细作业，人员可在海底目的物前直接观察、直接取样、直接测绘，以便现场发现和决策。

特别是在复杂恶劣的深海环境里进行观察和作业，载人潜水器是最有效的深海取样和测绘手段。海洋科学家在深海现场直接观察，可凭借专业经验，将捕捉到的水下实际信息及时进

知识链接

行综合整理分析，迅速得出处理意见，操作机械手进行有效的水下作业。

无论是无人的水下机器人，还是载人的深海潜水器，都面临着深海环境极其严峻的挑战。

一是“深”。深海水压巨大，压力随海洋深度递增，超大潜深给潜水器带来全系统安全性设计与集成难题，载人潜水器必须确保潜航员在任何情况下都能安全上浮。以万米深海为例，载人舱和所有设备需承受 11000 吨 / 米 ^{2} 的超大压力，对载人舱球壳和固体浮力材料等耐压结构的选材和设计提出巨大挑战。

二是“准”。潜水器潜入深海的主要任务是实现精确定位、精准操控和精细作业。然而，深海黑暗无光、水文地形复杂多变、环境传感数据获取难度高，要在保证潜水器水中机动性的前提下实现针对小目标的动态精准作业，难度可想而知，这对潜水器的控制提出极高要求。

三是“通”。水声通信是深海潜水器实现与水面母船沟通的唯一桥梁。然而，深海水体通透性差，电磁波衰减严重，声波在传输过程中易发生折射、反射、频移等，导致信号严重畸变，因而实现稳定可靠的高速率远程水声通信十分重要。

油气开发挺进深海

作为海洋大国，我国海洋油气资源丰富，南海油气资源占全国油气资源总量的 1/3，其中约 1/2 蕴藏在深海海域。由于总体勘探程度相对较低，海洋油气资源开发特别是深海油气资源的开发将是我国长期、大幅增产的重要方向。2021 年 8 月 20 日，来自“深海一号”超深水大气田的天然气，跨越 691 千米海管，通过白云气田高栏支线正式登陆。“深海一号”超深水大气田可满足大湾区约 1/4 民生用气需求，是标志着我国深水油气田开发能力和深水海洋工程装备建造水平取得重大突破的超级工程。

▽“深海一号”超深水大气田的天然气“上岸”了

△“深海一号”瑰丽夜景

尊重科学勇创新

从浅水到深水，从300米到1500米，向下深入的这1000多米走起来“难于登天”——海面下水深每增加一米，压力、温度、涌流等情况会发生巨变，开发难度呈几何级数增加，对材料科学和流体力学等核心学科的应用要求极高。

誓要牵住科技创新“牛鼻子”的“深海一号”建设者们，以共同之理想，凝聚共同之力量，发扬科学家精神，以敢为天下先的创新创造，立上时代潮头。

建设深水半潜式生产储卸油平台，这是一条连外方深水同

△工作人员在进行施工作业

行都没想过的路。方方面面的限制都在指向一条中国深水科研人日思夜想但从未付诸实践的路。

2014 年 4 月，我国首个深水气田“荔湾 3-1”宣告投产，气田由中国海油与国外能源公司联合开发。在进行设计分工时，外方原本想从 300 米水深“一刀切”，两方分工负责、各管一摊。在中国海油的再三坚持下，科研人员开展了联合研究和平行设计，从而积累了宝贵的深水实践经验。

“荔湾模式”的成功，为深水油气资源开发提供了样板式的参考价值。以至于在几个月后，“深海一号”超深水大气田获勘探发现时，所有人的第一反应都是沿用成熟的“荔湾模式”。但作为工程项目的灵魂，设计绝非简单复制粘贴。

“深海一号”的情况极为复杂：井位分布距离浅水区域较

远，浅水平台不再适用；当时国际油价暴跌，项目难以承担昂贵的外方设计费用。

“荔湾 3-1”气田成功的另一个关键是深水浮托法的应用。2006 年以前，国内不掌握浮托技术，自主设计建造大型海上工程设施的体量受吊装方案的极大限制。工程技术人员用两台电脑和无数个不眠不休的日子，仅用一年的时间，就合力攻克了国内第一个自主浮托设计项目——“渤中 34-1”油田。

接下来的近十年，中国海油从易到难、由浅入深，对浮托法技术层层抽丝剥茧，逐渐应用于十几座海上油气平台组块的安装，累计节约成本超 10 亿元，解决了海上施工资源不足和作业条件受限等许多问题。

▽“深海一号”傲岸身姿

怒海争锋克难关

2010 年，中国海油国内油气年产量突破 5000 万吨油当量大关，建成“海上大庆”，随即提出进军深水的目标。同年，

△“深海一号”能源站上部组块和下部船体成功合龙

位于“陵水 22-1”构造的琼东南盆地第一口深水井“陵水 22-1-1”井钻获气层 55.3 米。

但深水的胜利并未来得如此容易，此后几次乘胜追击的钻探再次遭遇失利，国际石油公司不断撤出，离开前留下“诊断书”:“储层发育不充分”“难以找到大油气田”……

从合作勘探到自营勘探，深水勘探的“蜀道之难”，让中国海油人深刻认识到：挺进深海，不仅需要精细的地质油藏研究，还需要在装备、技术、人才、管理等各方面奋起直追。海油人通过重点工

△ 从空中鸟瞰“深海一号”

程项目带动科技创新——以深水装备关键设计建造技术为研发对象，与国内船企、科研机构、大学深入合作，科研课题和工程项目齐头并进，研究成果直接应用于工程项目。

正是在这种啃硬骨、涉险滩、闯难关的担当精神激励下，通过装备、技术、人才、管理环环相扣，中国海油打造以深水平台为核心、以“五型六舰”为主体的“联合舰队”，走出了一条学以致用的深水自营之路。

“深海一号”大气田的核心装备——“深海一号”能源站（简称能源站），建造工期紧、质量要求高、安全风险大，国际同行一度认为“不可能完成”。面对能源站建造的种种“不可能”，气田开发建设者们跨栏冲刺，敢闯硬核关：在项目最吃

▽“深海一号”能源站在 3 艘大马力拖轮的牵引下驶向南海陵水海域

△ 2021 年 5 月 28 日，“深海一号”能源站机械完工，具备投产输气条件

紧的关头，党员请战，带领施工人员昼夜赶工，现场过春节，雪夜抢工期；在 2 万吨重的上部组块与 20 层楼高的船体大合龙时，作业人员精心施工，高质量完工。

按原计划，能源站于 2018 年年底开工建造，但因缺乏相关技术和经验，项目组和总承包商都是一头雾水，项目迟迟无法开工。2019 年 5 月开工后，又因各种难题交织，难以前行。究其原因，主要是相比浅水，深水油气开发难度呈几何级数增加，中国海油几十年的浅水油气田开发经验被“颠覆”，关键技术掌握在少数发达国家手里。

与此同时，中国对清洁能源的需求持续大幅增长，油气对外依存度不断攀升。工程建设者们以难题为导向，“针尖对麦芒”式分析问题、解决问题。缺技术就学习技术、钻研技术、创新技术；缺资源就立足国际国内两个市场，整合全球优质资源，高效完成设备设施采购。

以目标为动力，用非常举措行非常之举。强管理——制订10类250余项施工措施，逐级召开誓师大会；争分秒——作业高峰期5000余人、17台大型履带吊，不分昼夜作业。

正是凭借这样的钻劲、韧劲、狠劲、拼劲，2019年7月能源站建造开始提速，2020年5月实际进度赶上计划进度，2020年10月能源站建成，工期不到国际同类项目的一半。

能源站建造速度如此之快，质量怎样？一组数据给出答案。能源站2万吨重的上部组块与20层楼高的船体大合龙，累计公差仅6毫米，同类工程中世界罕见；能源站焊接一次合格率达99.48%，设备一次安装、调试、验收合格率达96%以上，且实现3项世界级首创技术、13项国内首创技术，攻克10多项行业难题。

2021年1月，能源站启航赴南海，这是国内首次进行大型装备长距离拖航，风险比比皆是。最终，这个重5万余吨、40层楼高的海上“巨无霸”，从山东烟台出发，由渤海过黄海、越东海，历时18天、航行1609海里，安全抵达指定海域。

在随后的设备设施安装调试中，近千人参加会战，动用了 10 多条大型船舶，完成了海管连接等各类高难度、高风险作业。

大舸中流下，青山两岸移。面对深水征程中的一个又一个险滩壁垒、顽症痼疾、棘手难题，永远需要敢教日月换新天的豪情壮志，永远需要偏向虎山行的“敢死队”，永远需要振翅向前行的奔腾血脉。只有这样，我们才能不断闯关夺隘，才能不断从胜利走向胜利。

雪龙探极　破冰斩浪

2014 年 11 月 18 日，习近平总书记在出访途中登上正在执行中国第 31 次南极科考任务的“雪龙号”科考船，向科考队员表示慰问，指出“南极科学考察意义重大，是造福人类的崇高事业”。在习近平总书记 2020 年新年贺词中，“雪龙 2 号”首航南极成为彰显中国风采、中国力量的科技成就之一。“雪龙 2 号”是我国自主建造的第一艘极地科考破冰船，自 2019 年 7 月交付使用以来，已历经多次大考，极大地提升了我国极地考察的硬实力，与“雪龙号”共同构建起极地考察“双龙探极”新格局，实现了我国极地考察现场保障和支撑能力的新跨越。

▽“雪龙 2 号”开展船舶航行试验

“双龙”成长记

我国极地科学考察队于 1984 年首次出征南极时，我国还没有自己的破冰船，仅靠普通船只承担极地探索任务。9 年后，我国从乌克兰购买了一艘尚未完工的北冰洋运输补给船，经多次改造，成为我国唯一一艘极地科考破冰船——“雪龙号”。后来由于功能老化，这艘功勋船已不能胜任我国极地科考的艰巨任务。

△“雪龙号”进入北极圈，中国第八次北极科学考察队摆出“八北”字样合影（吴琼/摄）

2015 年 12 月，新建极地科学考察破冰船建设项目获国家发展改革委正式批复。2016 年 12 月 20 日，第一块钢板在江南船厂完成点火切割，我国自主建造的第一艘极地科学考察破冰船正式开工建造。

2017 年 9 月 26 日，项目进入连续建造阶段。建造过程采用模块化方案，类似积木拼搭。一张张钢板被焊接成模块，逐步有序拼接，装载主要设备，再将模块搭建成完整的船舶。

2018 年 3 月 28 日，初现规模的“雪龙 2 号”艉部总段入坞，开展坞内的建造工作，包括船舶形成、舾装安装、油漆喷涂等相关工作。9 月 10 日，“雪龙 2 号”下水。

2019 年 1 月，随着第一缕烟雾从烟囱排放，“雪龙 2 号”

△“雪龙 2 号”开展南海科考试航

主机成功启动！5 月 31 日至 6 月 15 日，“雪龙 2 号”在我国东海海域进行常规船舶海上航行试航。7 月 11 日，“雪龙 2 号”正式交付自然资源部，并加入我国极地考察序列。8 月 15 日至 9 月 18 日，“雪龙 2 号”赴南海海域执行试航任务。

2019 年 10 月 15 日至 2020 年 3 月，“雪龙 2 号”首航南极，执行中国第 36 次南极考察任务，正式开启极地探索之旅。

“雪龙 2 号”船长超过 120 米，船头形似一个破冰的锤头，可以 2 ~ 3 海里 / 时的速度在 1.5 米厚的冰层中连续“行走”。

它的续航力达到 2 万海里，在额定人员编制的情况下，中途不补给，最长可以在海上连续活动 60 天。它的双向破冰技术，使得船头、船尾不论是正向行驶还是倒退时，都可破冰，成为名副其实的“神兵利器”。

△“雪龙 2 号”在南极执行考察任务

极地科考新突破

30 多年来，我国共组织了 5500 多人次的南极考察，广泛开展了南极科学考察和前沿领域的科学探索，获取了大量第一手宝贵资料和样品，在极地海洋酸化、南大洋磷虾生物学、南极生态地质学、南极冰盖起源与演化、南极陨石回收、南极天文观测与研究、极光研究等方面取得了世界瞩目的成果。

△ 中国人首次登陆南极

△ 中国南极中山站全景（董剑/摄）

在地球另一端的北极，中国科技工作者的脚步也没有停止。2023 年 7 月 12 日，中国第 13 次北冰洋科学考察队乘坐“雪龙 2 号”从上海出发，前往北冰洋执行科学考察任务。

考察队在北极点区域重点围绕大气、水文、生物多样性及海水情况开展冰站调查和海洋综合调查作业，填补了中国北冰洋科考在北极点区域调查的空白。

我国科学家对北极变化获得了一系列新的认识，如：通过历次北极考察数据和历史资料对比发现，北极海冰减少是导致欧亚大陆中高纬度地表温度负异常的关键过程；阐明西北冰洋生物泵作用的空间变化及其维持机制，揭示水平输送过程对西北冰洋的物质及污染物分配起着重要作用；发现太平洋入流水的变动会对北冰洋异养浮游细菌乃至整个浮游生态系统产生深

△“雪鹰 601”固定翼飞机飞抵中山站

远影响等。在地质和地球物理研究方面，通过六次北冰洋科学考察获取了大量资料和沉积物样品，北极古环境与古海洋学研究获得初步成果。

中国的极地考察事业从无到有，不断壮大。我国已成为南北极所有重要国际公约的缔约国和国际组织的成员，积极参与极地全球治理，参与有关科研和保障规划的制订。特别是近 10 年来，中国先后参与国际极地年计划、地平线扫描、整合的北极研究计划Ⅲ、南大洋观测系统、北极气候研究多学科漂流观测计划等 10 多个大型国际极地计划，陆续与美国、俄罗斯、新西兰、智利、南非等 10 个国家及其极地主管机构签订了双边合作文件。

今后在极地考察方面，我国将继续稳步推进以建设国家南北极观测网为核心任务的“雪龙探极”重大工程；初步建成南极观测网和北极观测网，形成对南极海洋、南极陆地、北极海洋、北极站基重点区域的环境和资源实时或准实时的业务化观测能力；提升通信传输和信息管理能力，建成南极考察新站，增配固定翼飞机及配套设施，形成极地运行保障能力；搭建极地应用服务平台，实现极地标准规范、预警预报、气候变化、战略与权益、考察运行指挥等应用服务能力。通过不断完善海空天一体化立体观测系统，支撑极地考察业务体系建设，提升我国的极地国际治理能力。

△ 航行中的“雪龙 2 号”

知识链接

极地科考

探极八万里，纵横三大洋，严酷奇寒的南北极吸引着人们不断劈浪前行，探索未知的奥秘。20 世纪 50 年代后，南极探险科考活动进入高潮。1959 年 12 月 1 日，美国、苏联、英国、澳大利亚、新西兰、法国、挪威、比利时、日本、阿根廷、智利和南非 12 国在美国华盛顿签署了《南极条约》。条约规定，南极只能用于和平目的，各国可以自由地进行科学研究，不承认任何国家对南极的领土要求。

对于南极来说，中国是一位“迟到者”。从 1957 年的国际地球物理年开始，发达国家广泛介入南极科学考察，并在全球掀起了南极热。当时，中国著名气象学家、地理学家、中国科学院副院长竺可桢院士提出，地球是一个整体，中国自然环境的形成和演化是地球环境的一部分，极地的存在和演化与中国有着密切的关系。

1962 年，在制订全国科学技术发展规划时，一些科学家提议中国要进行南极科学考察工作。1964 年，在新成立的国家海洋局的任务中，就有“将来进行南北极海洋考察”的设想。

经过数十年的不懈努力，我国的南极事业在考察站基础设施、科研装备、科学研究等方面取得了长足发展，综合实力已达到国际中等以上水平，成为建设海洋强国战略的重要组成部分。

长城站和中山站的持续能力建设成效显著，支撑保障和基

知识链接

地枢纽作用显著提升。长城站经过数次扩建，各类设施和活动规模在乔治王岛地区现有考察站中稳居第二位。中山站建有气象观测场、固体潮观测室、地震地磁绝对值观测室、高空大气物理观测室等。2009 年 1 月 27 日，我国首个南极内陆站——昆仑站在南极内陆冰盖最高点冰穹 A 西南方向约 7.3 千米处建成，成为世界第六个南极内陆站。从科学考察的角度看，南极有四个最有地理价值的点，即极点、冰点（即南极气温最低点）、磁点和高点。美国在极点建立了阿蒙森－斯科特站，俄罗斯在冰点建立了东方站，法国在磁点建立了迪蒙·迪维尔站，当时只有冰盖高点冰穹 A 尚未建立科考站。昆仑站的建成，实现了中国南极考察从南极大陆边缘向南极内陆扩展的历史性跨越。

2014 年 2 月 8 日，南极泰山站在伊丽莎白公主地正式建成，成为中国在南极建立的第 4 个科考站。该站是一座内陆考察的度夏站，可满足20人度夏考察生活，建筑面积1000米^2，使用寿命 15 年，配有固定翼飞机冰雪跑道。

2018 年 2 月 7 日，经过第 34 次南极考察队 20 多天的连续施工，中国第 5 个南极科考站——秦岭站在南极恩克斯堡岛正式选址奠基。2024 年 2 月，秦岭站开站，这是我国第 3 个南极常年考察站，也是我国首个面向太平洋扇区的考察站。秦岭站不仅填补了我国在该区域的科学考察空白，也为各国研究地球系统中的能量与物质交换、海洋生物生态和全球气候变化等提供重要支撑。

地壳一号

挺进深地

在 2016 年召开的“科技三会”上，习近平总书记做出重要指示:“向地球深部进军是我们必须解决的战略科技问题。”《中华人民共和国国民经济和社会发展第十四个五年规划和 2035 年远景目标纲要》提出，在深地、深海等前沿领域实施一批具有前瞻性、战略性的国家重大科技项目，把地质科技创新提升到关系国家科技发展大局的战略高度。

地球是人类赖以生存的家园，截至目前，人类生存和发展所需的资源都来自地球。地下深度 2 千米以内的空间是人类可利用的地下空间，这里蕴藏着丰富的地下水资源；地下深度 5 ~ 10 千米的空间是能源和资源空间，这里有丰富的油气、矿产和地热资源等；地下深度超过 10 千米的空间是地震等自然灾害发生的空间。人类在地球上生存的历史已达数百万年，但人类对地球的认知只能称为“沧海一粟”。地球平均半径约 6371 千米，目前人类科技能够抵达的最深处仅万米左右，深邃而神秘的地下空间，等待着人类去叩启和探知。

虽然我国的深地探测起步较晚，但却在短短数年间取得了超越之前数十年的成绩。2018 年 5 月,“松科”2 井顺利完井，“地壳一号”万米钻机完钻井深 7018 米，刷新了我国大陆科学钻探的纪录。“松科”2 井成为我国当时最深的科学钻井，也是全球第一口钻穿白垩纪陆相地层的大陆科学钻探井。

我国对地下空间的开发和利用，起步同样晚于西方发达国家。我国城市地下空间建设始于 20 世纪 50 年代，主要为备战备荒的防空地下室。最近十余年，我国以地铁为主导的地下轨道交通、以综合管廊为主导的地下市政等快速崛起。截至2022年年底，我国城市地下空间累计建设29.62亿米^2，已成为名副其实的地下空间开发利用大国。我国地下空间专用装备制造及相关技术厚积薄发、打破国外垄断，以盾构机为典型代表的专用装备走出国门，成为为世界拓展地下空间的“钢铁巨龙”。

中国盾构机掘进世界前列

2014 年 5 月 10 日，习近平总书记视察中铁工程装备集团。他走进盾构机狭小的控制室，详细询问盾构机工作情况。在这次视察中，习近平总书记做出“三个转变”重要指示：“推动中国制造向中国创造转变、推动中国速度向中国质量转变、推动中国产品向中国品牌转变。”2017 年 4 月 24 日，国务院对国家发展改革委《关于设立“中国品牌日”的请示》做出批复，将 5 月 10 日设立为“中国品牌日”。

▽国内最大直径 15.8 米泥水平衡盾构机“春风号”

从无到有　造中国盾构机

中国在很长一段时间里，主要使用从国外引进的盾构机进行隧道施工。于1996年年底全面开工的西康铁路建设工程，是我国首个使用大型盾构机进行隧道施工的工程项目。

西康铁路是一条当时桥隧比非常高的铁路，其中位于长安县和柞水县交界处的秦岭隧道，两线并行，全长18.46千米，最大埋深1.6千米，隧道两端高差155米。隧道长度为当时国内第一、世界第六。

这里地处北秦岭中低山区，地质构造复杂，地质灾害严重，断层、涌水、岩爆等难题，一个个涌现在施工者面前。为了保障安全、缩短工期，我国花费7亿多元，从德国维尔特公司采购了2台硬岩掘进机。采用硬岩掘进机施工的隧道实现了无爆破、无振动、无粉尘快速掘进，创造了月掘进531米和日掘进40.5米两项全国铁路隧道施工速度的最高纪录，比采用传统人工钻爆法施工的隧道提前10个月贯通。西康铁路秦岭隧道施工，如果用常规施工工法，需10多年才能打通，而使用进口掘进机，仅用2年多便全线贯通。

当时施工时，先由德方人员操作设备掘进400米，之后由中方人员操作，德方人员在旁边指导。一般情况下，掘进

100 米之内德方负责保修，掘进 100 米之后出现问题，德方维修需要收费且费用非常高。由于中方不掌握核心技术，每当出现问题，只能停工，等待德方人员来维修。德方人员维修设备时，不希望中方人员在场，会找各种理由将中方人员支开。中方人员离开几分钟时间，德方人员就将问题解决。这对中方人员来说，是一个极大的刺激。中国，需要有自己的盾构机！

1999 年 9 月，隧道工程局与铁道部脱钩，更名为中铁隧道集团有限公司，归属中国中铁股份有限公司。2001 年 5 月，实行公司制改造后，中铁隧道集团有限公司组建了以该公司为核心，集勘测设计、建筑施工、科研开发、机械制造四大功能为一体的中铁隧道集团，盾构机研发项目被提上工作日程。

盾构机研发涵盖机械、力学、液压、电气等数十个技术领域，精密零部件多达几万个，单单一个控制系统就有 2000 多个控制点。盾构机属于定制产品，每台盾构机都需要根据地质情况进行有针对性的个性化研发，尤其是刀盘和刀具，有时花费一两个月时间，也找不到最佳方案。

从 2002 年开始，科技部将盾构机研发项目列入“863 计划”，连续多年支持盾构机研发，对盾构机国产化和产业化起到了积极的推动作用。

2007 年，中铁隧道集团在盾构机关键核心技术方面取得突破，研制出具有自主知识产权的控制系统模拟检测试验平台并投入使用。2008 年 4 月，中铁隧道集团历经 8 年时间、投

△ 我国首台复合式土压平衡盾构机“中铁一号”下线

入大量人力财力研制的国内首台具有自主知识产权的复合式土压平衡盾构机“中铁一号”成功下线，填补了我国在复合盾构机制造领域的重大空白，打破了外国盾构机“一统天下”的局面，真正实现了我国复合盾构机的从无到有。2009年2月6日，“中铁一号”在天津始发。

从有到优　创中国品牌

“盾”的本身就代表着坚韧、刚毅，无论是盾构机自主研发的扶持者，还是自主研发的参与者，都始终充满必胜的信心，以振兴民族工业为己任，一往无前、义无反顾。

中国虽然有了自己的盾构机，但当时不少业主和施工单位对国产盾构机的质量还是半信半疑。从小心翼翼地试用，到与进口设备并用，再到使用国产盾构机多于使用进口设备甚至取代进口设备，国产盾构机用过硬的质量取得了业内信任，打开了市场局面。

2012 年，郑州市政府计划在中州大道与红砖路交叉路口修建一条地下人行隧道，如果按照传统的“开膛破肚”施工办法，势必会对地面交通和周边环境造成影响。矩形盾构机能够避免在施工中对城市地面“开膛破肚”，但当国外公司听说要研发超大断面矩形盾构机，认为是根本不可能完成的任务。

不依靠任何人，走自主研发之路！我国研发团队迎难而上，经过几个月的艰苦鏖战，突破了矩形断面低扰动多刀盘协同开挖系统设计技术等多项国际难题，首次提出了多刀盘拓扑分析、层距参数化、动静结合的构型设计方法，首创了双螺旋出渣互馈与掌子面平衡顶推技术。2013 年 12 月，这台长 10.12 米、高 7.27 米的超大断面矩形盾构机胜利下线，国产盾构机向“中国设计、中国制造”迈出了坚实的一步！

2015 年，中铁装备研制出具有自主知识产权的硬岩掘进机，推动我国在这一领域进入世界第一方阵。

2017 年，中铁装备自主研发的超大直径泥水平衡盾构机“中铁 297 号”成功下穿北京机场快轨，实现了最大沉降不到 1 毫米，宣告我国精度最高的隧道盾构施工圆满成功。

2017 年 8 月 1 日，由中铁装备自主研制的中国最大直径敞开式岩石隧道掘进机“彩云号”成功下线，应用于亚洲第一铁路长隧——大瑞铁路高黎贡山隧道。设备开挖直径达到 9.03

△ 超大直径泥水平衡盾构机“中铁 297 号”

米，整机长度约 230 米，整机重量约 1900 吨，填补了国内 9 米以上大直径硬岩掘进机的空白。

建设大理至瑞丽铁路（简称大瑞铁路）是国家《中长期铁路网规划》中完善路网布局和国家实施西部大开发战略的重要举措，此铁路是一条贯通滇西，走向南亚、东南亚的战略之路，更是一条事关国家“一带一路”重要倡议、重塑南方古丝绸之路、促进滇西地区跨越发展的交通大动脉，对进一步凸显云南面向东南亚、南亚开放的桥梁和纽带作用，对促进沿线地区经济社会发展，推动周边国家实现跨境合作、互通互联，具

△ 在“彩云号”巨大的刀盘上，一只以橙、黄、蓝、绿、紫五色绘出的巨幅孔雀展翅欲飞

有十分重大的意义。

高黎贡山隧道是大瑞铁路重点控制性工程，全长 34.5 千米，地形、地质条件极为复杂，具有“三高”（高地热、高地应力、高地震烈度）、“四活跃”（活跃的新构造运动、活跃的地热水环境、活跃的外动力地质条件、活跃的岸坡浅表改造过程）等特征，最大埋深 1155 米，穿越 19 条断层，几乎囊括了隧道施工的所有不良地质和重大风险。同时，大自然鬼斧神工下所形成的高黎贡山，还被称为“物种基因库、自然博物馆、天然植物园、南北动植物交汇的走廊”，情况之复杂全国罕见，施工难度在世界隧道修建史上首屈一指。

2017 年 11 月 24 日进入导洞施工的国外老牌掘进机“罗宾斯”，盾构机直径 6.39 米，截至 2018 年 4 月 22 日累计掘进 943 米，中间“卡壳”两次。而 2018 年 2 月 1 日才在主洞始发的“彩云号”，仅在进场 2 个月的调试磨合期就已挺进 583 米，从未停机，取得了日最高掘进 38.23 米的好成绩，成功穿越第一个地层交接涌水带。事实证明，“彩云号”的工作效率远比“罗宾斯”高得多，适应性、稳定性也比“罗宾斯”好得多。“彩云号”的成功研发和投入使用，改写了中国铁路长大隧道项目机械化施工长期受制于人的历史。

2018 年 2 月，中铁装备自主设计制造的“中铁 314 号”直接式泥水平衡盾构机破壁而出，顺利完成迄今为止南宁地铁项目里程最长、埋深最大的隧道掘进任务，标志着我国已全面掌握直接式泥水平衡盾构机核心制造技术。同月，中铁装备制造的小直径联络通道专用盾构机在宁波轨道交通 3 号线建设中成功应用，18 天即完成了长度 17.04 米联络通道的施工掘进，实现地铁 6 米级区间狭小空间联络通道全机械化施工的重大技术突破。

2018 年 9 月 29 日，国内最大直径 15.8 米泥水平衡盾构机“春风号”下线。“春风号”突破了一系列关键技术，实现了“中国造”大直径盾构机的设计制造迈向国际化、高端化，填补了我国直径 15 米级别大直径泥水平衡盾构机领域的空白，标志着我国大直径泥水平衡盾构机研制技术达到了世界领先水平。

△ 国内最大直径 15.8 米泥水平衡盾构机“春风号”

知识链接

盾构机如何工作？

盾构机，专业名称为全断面隧道掘进机，是集机械、电器、液压、传感、信息等多项现代技术于一体的高科技隧道施工装备。盾构机广泛应用于市政地铁、铁路公路、综合管廊、国防设施、水利水电、矿山隧道等领域，是一个国家科技水平和装备实力重要的标志性产品，有“工程机械之王”的美誉。

每台盾构机都是一个庞然大物，最短几十米，最长 100 多米，重量以“吨”为单位计算。盾构机从生产车间下线后，厂家会将其拆装，运到施工现场，然后组装调试，一切都确保无误，盾构机才能始发工作。

盾构机沿隧洞轴线向前推进，对土壤进行开挖切削，挖掘出来的土碴被输送到后方。盾构机圆柱体组件的壳体即护盾，对挖掘出的还未衬砌的隧洞段起着临时支撑的作用，承受周围土层的压力，有时还承受地下水压以及将地下水挡在外面。挖掘、排土、拼装隧道衬砌等作业，都在护盾的掩护下进行。盾构机只能前进不能后退，盾构机完成掘进出洞后，工人们再将其拆装运走。

前赴后继
深地探测从“跟跑”到“领跑”

“入地”与“上天”“下海”一样，是人类探索自然、认识自然和利用自然的一大壮举。虽然我国的深地探测起步较晚，但却在短短数年间取得了超越之前数十年的成绩。

▽夕阳下的“地壳一号”万米钻机整机系统

2014年4月，“松科”2井正式开钻，我国在“向地球深部进军”的道路上迈出了坚实的一步。2018年5月，“松科”2井顺利完井，“地壳一号”万米钻机完钻井深7018米，刷新了我国大陆科学钻探的纪录。“松科”2井成为当时我国最深的科学钻井，也是全球第一口钻穿白垩纪陆相地层的大陆科学钻探井。

向地球深部进军

地球深部探测，关乎人类生存、地球管理与可持续发展。越来越多的证据表明，我们在地球表层看到的现象，根在深部，缺少对深部的了解，就无法理解地球系统。越是大范围、长尺度，越是如此。深部物质与能量交换的地球动力学过程，引起了地球表面的地貌变化、剥蚀和沉积作用，以及地震、滑坡等自然灾害，控制了化石能源等自然资源的分布，是理解成山、成盆、成岩、成矿、成藏和成灾等过程成因的核心。

20世纪90年代初，由德国牵头，在国际地学界的支持下，28个国家的250位专家共同讨论了“国际大陆科学钻探计划”。1996年2月26日，中、德、美三国签署备忘录，成为发起国，正式启动“国际大陆科学钻探计划”。

2006年,《国务院关于加强地质工作的决定》下发实施,明确将地壳探测列为国家目标和意志，于2008年据此启动实施的“深部探测技术与实验研究专项”，成为中国深地探测具有标志性意义的里程碑。

在2016年召开的“科技三会”上，习近平总书记提出“向地球深部进军是我们必须解决的战略科技问题”，把地质科技创新提升到关系国家科技发展大局的战略高度。组织和实施地球深部探测重大科技项目是落实国家科技战略、拓展发展空间、提升地球认知、解决我国能源资源短缺和自然灾害预测等问题的重要途径。

2018年5月26日,“松科”2井顺利完井,“地壳一号”万米钻机完钻井深7018米，刷新了我国大陆科学钻探的纪录。“松科”2井成为当时我国最深的科学钻井，也是全球第一口钻穿白垩纪陆相地层的大陆科学钻探井。这标志着我国在“向地球深部进军”的道路上又迈出了坚实的一步。

心有大我　至诚报国

虽然我国的深地探测起步较晚，但却在短短数年间取得了超越之前数十年的成绩，从“跟跑”进入“并跑”阶段，部分领域达到“领跑”水平。这些成绩的取得，源自我国深地探测科研团队前赴后继的科研攻关和忘我付出。我国著名地球物理学家黄大年，就是他们中的杰出代表。

黄大年，这位在大学毕业时的同学赠言中写下“振兴中华，乃我辈之责”的科技工作者，于 2009 年响应国家召唤，毅然放弃在国外已有的科技成就和舒适生活，回到祖国。他在给吉林大学地球探测科学与技术学院领导的邮件中写道：“多数人选择落叶归根，但是高端科技人才在果实累累的时候回来

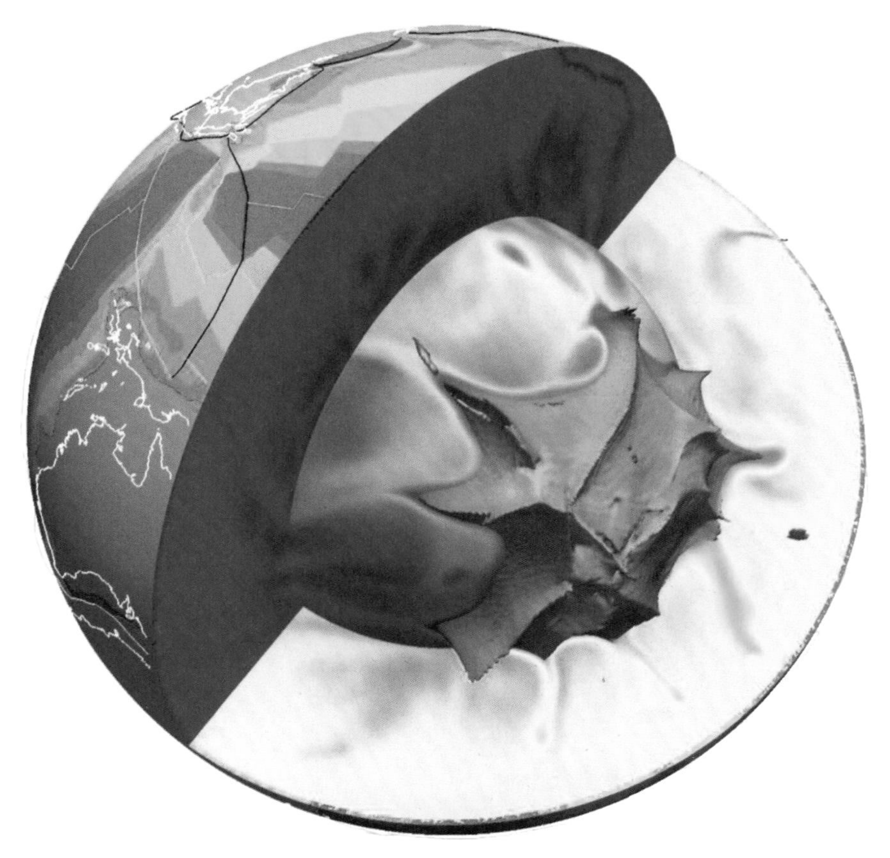

△ 三维地球示意图

更能发挥价值。现在正是国家最需要我们的时候，我们这批人应该带着经验、技术、想法和追求回来。”

回国后的黄大年被选为“深部探测技术与实验研究专项”第九项目——“深部探测关键仪器装备研制与实验项目”的负责人。他带领团队夜以继日地开展工作，为了保证工作时间，他几乎每次出差都是乘最早的航班出发，乘最晚的航班返回，正餐也常常以一两根玉米代替。

△ 黄大年给同学的毕业赠言

在黄大年团队的努力下，我国在万米深度科学钻探钻机、大功率地面电磁探测、固定翼无人机航磁探测、无缆自定位地震探测等多项关键技术方面进步显著，快速移动平台探测技术装备研发攻克“瓶颈”，成功突破了国外对中国的技术封锁。

2017 年 1 月 8 日，年仅 58 岁的黄大年因病逝世。习近平总书记对黄大年的先进事迹做出重要指示：

黄大年同志秉持科技报国理想，把为祖国富强、民族振兴、人民幸福贡献力量作为毕生追求，为我国教育科研事业作出了突出贡献，他的先进事迹感人肺腑。

我们要以黄大年同志为榜样，学习他心有大我、至诚报国的爱国情怀，学习他教书育人、敢为人先的敬业精神，学习他淡泊名利、甘于奉献的高尚情操，把爱国之情、报国之志融入祖国改革发展的伟大事业之中、融入人民创造历史的伟大奋斗之中，从自己做起，从本职岗位做起，为实现“两个一百年”奋斗目标、实现中华民族伟大复兴的中国梦贡献智慧和力量。

知识链接

科学钻探

科学钻探是获取地球深部物质、了解地球内部信息最直接、有效、可靠的方法，是地球科学发展不可缺少的重要支撑，也是解决人类社会发展面临的资源、能源、环境等重大问题的重要技术手段。

2001 年，中国大陆科学钻探工程第一口井在江苏连云港开钻，2005 年钻探结束，共钻进 5158 米，取芯钻进 1074 个回次，岩芯采取率85.7%，其中获取的最长岩芯为4.67米。随后，我国在这口钻井的基础上建立了深井地球物理长期观测站，为监测我国东部郯城—庐江断裂带及邻区地壳活动性和动力学状态积累系统的科学资料。此后，我国又开展了青海湖环境科学钻探、松辽盆地白垩纪科学钻探、柴达木盐湖环境资源科学钻探等，总共钻进约 35000 米进尺。

2007 年 10 月，中国白垩纪大陆科学钻探工程——“松科”1 井的钻探工作在我国松辽盆地北部完成。2014 年 4 月，“松科”2 井正式开钻，设计深度为 6400 米。我国自主研发的深部探测关键仪器装备——“地壳一号”万米大陆科学钻探钻机，具有数字化控制、自动化操作、变流变频无级调速、大功率绞车、高速大扭矩液压顶驱、五级固控系统等突出特点，为开展超深科学钻探做好了装备准备。2018 年，“地壳一号”在“松科”2 井完钻井深 7018 米。“松科”1 井和“松科”2 井，可以有效探索深部能源资源和探究距今 1.45 亿～0.65 亿年间的地球温室气候变化。

攻坚克难　万米之下找油气

2024 年 3 月 4 日，我国首口设计井深超万米的科学探索井——中国石油塔里木油田“深地塔科”1 井钻探深度突破 1 万米，成为世界陆上第二口、亚洲第一口垂直深度超万米井。2024 年 4 月 8 日，我国首口超 5000 米深层地热科学探井——“福深热”1 井成功钻深 5200 米，刷新我国地热科学探井的最深纪录。近年来，以中国石化、中国石油为代表的能源央企在我国陆上超深层油气勘探开发中取得了诸多重大突破，带动我国超深层油气勘探开发走在了世界前列。

▽“深地一号”跃进 3-3XC 井

向地下要资源

“深地塔科”1井位于新疆阿克苏地区沙雅县境内，是中国石油在塔里木油田实施的重大“深地工程”，肩负着科学探索和油气发现两大使命。该井设计井深1.11万米，于2023年5月30日开钻。

万米深地钻探是油气工程技术瓶颈最多、挑战最大的领域，也是衡量国家工程技术与装备水平高低的重要标志之一。随着钻探深度的增加，地下温度、压力以及地质状况的复杂性成倍提升，对钻探的顺利推进有着巨大的影响。

从地面到万米地下，“深地塔科”1井的钻探不仅要面对复杂多变的地质构造，还要穿越多套不同岩性、不同压力系统的岩层。最极端时，井下的钻工具要面对170多兆帕压力的冲击，同时经受近220℃的高温考验。在这样恶劣的井下环境中，一般钻井设备仪器的电子元器件、橡胶件等，均会损坏或失效。

自开钻以来，塔里木油田集合地质、工程、装备等精锐力量，组建了9支技术支撑组，为成功突破“深地极限”提供了有力保障，助力该井顶住了井下超高温、超高压、超重载荷等多重考验，在井斜、井径、测井等关键质量指标方面均达到

100% 的合格率，形成抗特高温水基钻井液、大吨位长裸眼下套管及固井配套技术等 7 类 21 项阶段成果，使用的材料、装备国产化率达 90%。

中国石化“深地一号”跃进 3-3XC 井位于新疆阿克苏地区沙雅县，塔克拉玛干沙漠边缘，井深达到 9432 米，比珠穆朗玛峰的高度还要多 583.14 米。除了面临超深井具有的地质结构复杂、高温、高压等难题，该井还设计有 3400 多米的水平距离，面临套管下入难、岩屑在水平段易形成岩屑床等新问题，施工难度国内外罕见。该井于 2023 年 5 月 1 日开钻，经过 177 天的施工，于 10 月 26 日完钻。

截至 2023 年 12 月 31 日，中国石化“深地一号”顺北油气田累计油气产量当量突破 1000 万吨，其中原油 588.84 万吨、天然气 51.73 亿米^3；2023 年油气产量当量达 301.32 万吨，比上年增长 46.3 万吨，原油、天然气产量均创历史新高，标志着 300 万吨产能阵地顺利建成。

勇攀“地下珠峰”

深层油气资源勘探开发是开展地球深部探测的重要组成部分。在我国油气勘探开发实践中，埋深超过 8000 米的地层为超深层。我国深层、超深层油气资源达 671 亿吨油当量，占全国油气资源总量的 34%，深层、超深层已经成为我国油气重大发现的主阵地。以塔里木盆地为例，仅埋深在 6000 ~ 10000 米的石油和天然气资源就分别占其总量的 83.2% 和 63.9%，超深层油气资源总量约占全球的 19%。近年来，世界新增油气储量 60% 来自深部地层，勘探潜力巨大。

“地下珠峰”是否有油，地质理论创新起到重要的引领作用。面对顺北油气田复杂的地质条件，中国石化不断深化地质

△“深地一号”顺北 10X 井

理论创新，率先突破了8000米超深层油气勘探“死亡线”，创新提出了低地温、大埋深、高压力条件下海相烃源岩抑制生烃模式、超深断控缝洞型储集体成储机制和油气成藏模式，形成超深层断控缝洞型油气成藏理论，丰富和发展了海相油气成藏理论。

在“地下珠峰”找油，犹如站在珠穆朗玛峰顶看清雅鲁藏布江上的游船。经过数年研究，中国石化创新形成超深层储层立体成像技术和缝洞体精细雕刻技术，相当于给地球深部做CT扫描，断裂识别精度从30米提高至15米。

在“地下珠峰”采油，中国石化已掌握超深层油气优快钻进技术，攻克了超高强度套管、钻杆、钻井液、测控仪器、完测工具等关键技术，探索形成了一套具有顺北油气田特色的8000米级复杂超深层井身结构设计及配套技术和标准规范，实现了由“打不成”到“打得快、打得准”的重大跨越。

中国商用飞机有限责
C919

大国制造

习近平总书记多次强调制造业在经济发展中的关键作用：“制造业是国家经济命脉所系。”“制造业高质量发展是我国经济高质量发展的重中之重。”“先进制造业是实体经济的一个关键，经济发展任何时候都不能脱实向虚。”

《中华人民共和国国民经济和社会发展第十四个五年规划和2035年远景目标纲要》提出深入实施制造强国战略，坚持自主可控、安全高效，推进产业基础高级化、产业链现代化，保持制造业比重基本稳定，增强制造业竞争优势，推动制造业高质量发展。

党的十八大以来，我国着力做强做优做大制造业，制造业综合实力和国际影响力大幅提升。2023年，我国全部工业增加值达39.9万亿元，比上年增长4.2%，装备制造业增加值比上年增长6.8%。在500种主要工业产品中，我国有40%以上产品的产量位居世界第一。

我国着力提高供给体系质量，产业结构进一步优化。新兴产业加速发展，新能源汽车产销量连续9年位居世界首位，新材料产业产值实现翻番，传统产业数字化、绿色化转型全面推进。

中国工程院、国家制造强国建设战略咨询委员会发布的《2021中国制造强国发展指数报告》显示，“十三五”期间，中国制造强国发展指数由105.78增长到116.02。我国聚焦动力电池、增材制造、信息光电子、集成电路、高性能医疗器械等重点建设领域，组建了17个国家制造业创新中心，初步形成了以国家制造业创新中心为核心、100余个省级制造业创新中心为补充的制造业创新网络。

制造业价值链长、关联性强、带动力大，决定了一个国家的综合实力和国际竞争力。蛟龙下海、盾构入地、高铁追风、嫦娥探月……一大批具里程碑意义的重大创新成果，都离不开大国制造的坚实基础和创新驱动的强劲引擎。制造强国，正以坚实的脚步，向高质量发展的崭新时代迈进！

装备制造业
挺起制造强国的脊梁

2017 年 12 月 12 日，党的十九大闭幕后，习近平总书记首次考察调研就来到徐工集团重型机械有限公司。他在考察时指出："装备制造业是制造业的脊梁，要加大投入、加强研发、加快发展，努力占领世界制高点、掌控技术话语权，使我国成为现代装备制造业大国。"

▽ 2013 年 7 月，徐工"世界第一吊"XGC88000 首吊成功

△ 2000 年，中国首次自主研发 K 系列汽车起重机产品，开启了我国起重机系列化自主研发的新篇章

如今，移动式起重机、水平定向钻市场占有率稳居全球第一，塔式起重机市场占有率跃升至全球第二，道路机械、随车起重机市场占有率进位至全球第三，成套桩工机械、混凝土机械市场占有率稳居全球第一阵营，这是中国装备制造业向祖国交出的一份闪光答卷。

改革创新闯出发展路

2022 年早春的齐鲁大地上，一场挑战全球极限高度的风电吊装工程正在紧张有序地进行：一台机舱重达 118 吨

△ XGC15000A 完成 170 米全球最高架构式风电吊装

的 4.5 兆瓦风电机组，在徐工集团 XGC15000A 起重机钢铁“臂膀”的托举下稳稳落位。这台风电机组叶轮直径 156 米，吊装就位高度达到创纪录的 170 米。这次胜利吊装，使 XGC15000A 成为全球第一台实现这一安装高度的风电施工起重机。它昂首傲立、直指蓝天，举重若轻、圜转有致，在距离地面近 200 米的空中，完成了一场力与美的极致呈现。

在挑战极限高度风电吊装之前，徐工起重机已经完成了数次高难度吊装任务，积累了宝贵的成功经验。其中最为人们所津津乐道的，就是吊火箭。

△ 2010 年，徐工成功研发 800 吨、1000 吨、1200 吨千吨级全地面起重机，中国成为继德国和美国之后，第三个有能力研发制造千吨级全地面起重机的国家

运载火箭是由多级火箭组成的航天运输工具，内含大量燃料，内部结构复杂，成本造价极高。在吊装和运输过程中稍有闪失，就可能导致火箭内部结构受损、航天任务功亏一篑。因此，将火箭平稳地立在发射架上，是航天任务中非常关键的一环。徐工起重机以其卓越的安全保障性和微动性，在数次火箭吊装任务中发挥了至关重要的作用，成为中国航天“高光时刻”的参与者和见证者。

作为中国装备制造业的典型代表，徐工集团（简称徐工）的历史可追溯到 1943 年成立的八路军鲁南第八兵工厂。从做土手雷到生产出我国第一台汽车起重机，再到制造出“世界第一吊”4000 吨履带式起重机，从白手起家到营业收入在全球工程机械行业中稳居第三位，在世界产业格局中牢牢占据“领头羊”地位，徐工这个从诞生之初就流淌着红色血液的民族企业，用征服工程机械行业“娄山关”“腊子口”的决心和勇气，屡克难关，闯出中国装备制造业从“跟跑”“并跑”到“领跑”的蝶变之路。

自 2011 年下半年起，国内工程机械行业进入“五年锐降期”，这期间的 2014 年、2015 年，行业更是面临断崖式锐降，2015 年最低点时市场容量萎缩到仅有 2011 年高点时的 28%，行业上千家企业被压缩到了不足原市场 1/3 的狭小空间内，大多数企业都在收缩调整，行业的发展举步维艰。

身处行业寒冬，一些企业撑不下去了，脱离工程机械主业，进入当时炙手可热的房地产行业。而徐工却始终坚定不移地扎根于主业，不等不靠，将命运牢牢把握在自己手中。

在工程机械行业低谷期，徐工调整结构，苦练内功，形成了“一二三三四四”战略指导思想体系，提出了“技术领先、用不毁，做成工艺品”的产品理念，五载卧薪尝胆，不但守住了主业，而且厚积薄发、逆风飞扬，在 2017 年迎来关键转折点，实现高质量、高速度增长。

△ 2018 年，徐工建成全球首条起重机转台智能焊接生产线

创新驱动跃向更高峰

制造业是国民经济的基础，中国要成为制造强国，最关键的是要在领先技术上进行创新突破。被人“卡脖子”的滋味是不好受的，只有破解掉“空心化”、智能化这两大世界级课题，中国工程机械才能真正站上“世界之巅”。

对于创新，徐工的自我要求是：时刻牢记打造世界级强大民族品牌的使命担当，始终做中国工程机械自主创新、集成创新的开拓者和领先者。

中国的工程机械市场已进入一个关键转折阶段，从产品规模的初级竞争走向品牌和品质在世界范围内的高级竞争。真正的强者不是简单地以规模取胜，而是以技术、质量和大吨位产品取胜，这是徐工多年坚持“珠峰登顶”的内涵所在。

从引进、消化到自主创新，徐工走出了一个个清晰的脚印。

2018 年 4 月 2 日，我国自主研制的最大吨位、有着“神州第一挖”之称的 700 吨液压挖掘机在徐工成功下线，一举打破了外资品牌在大型成套矿业机械领域长期垄断的格局。这一超大型液压挖掘机的设计研发，集科技化、智能化、人性化于一体，拥有多项自主知识产权，实现了关键核心技术的集中应用突破，标志着中国成为世界上继德国、日本、美国后，第四个具备 700 吨级以上液压挖掘机研发制造能力的国家。

同年 5 月，亚洲自动化程度最高、行程最长的冷拔机在徐工液压件公司新厂区建成，新建的冷拔线，最大冷拔长度可

▽ 2021 年 8 月，江苏苏州，徐工成套化的无人集群装备首次出现在全国最高等级路面的养护施工现场

达 18 米，不仅可满足徐工所有大吨位起重机油缸的制造需求，还可对 500 吨级以上挖掘机薄壁油缸实现自制，为徐工核心零部件牢牢掌握市场主动权提供坚强支撑。

△ 2012 年，当时世界最大吨位全地面起重机 XCA5000 亮相上海宝马展

如今，徐工两大拳头产品起重机、土石方机械主营收入双双过百亿，其中一批重大创新产品核心技术攻关已走在世界前沿。4000 吨履带式起重机、2000 吨级全地面起重机、700 吨液压挖掘机、39 吨压路机、550 马力[1]矿用平地机、12 吨级装载机、XR550D 旋挖钻机等填补了 100 多项国内空白，全面替代进口。“卡脖子”核心零部件 360 吨挖掘机液压油缸不仅是徐工主机的关键零部件，还替代日本企业批量装备澳大利亚力拓公司，以工作时长超过 10000 小时跻身这一领域世界顶尖产品行列，受到客户的高度赞扬。徐工加快突破的高端液压阀、新型电控变速箱，打破跨国公司垄断实现自主可控。

① 1 马力约等于 0.74 千瓦。为便于理解，本书使用行业通用单位。下同。

C919 空中展翅

2022 年 12 月 9 日，中国东方航空公司作为 C919 的全球首发用户，正式接收编号为 B-919A 的 C919 大型客机，标志着全球首架 C919 大型客机交付使用，是我国大飞机事业发展的又一重大里程碑。

习近平总书记充分肯定 C919 大型客机研制任务取得的阶段性成就，他强调，让中国大飞机翱翔蓝天，承载着国家意

▽ 2015 年 11 月 2 日，C919 大型客机总装下线

志、民族梦想、人民期盼，要充分发挥新型举国体制优势，坚持安全第一、质量第一，一以贯之、善始善终、久久为功，在关键核心技术攻关上取得更大突破，加快规模化和系列化发展，扎实推进制造强国建设，为全面建设社会主义现代化国家、实现中华民族伟大复兴的中国梦不懈奋斗。

大飞机之大

C919 大型客机是我国首款按照最新国际适航标准研制的干线商用飞机，于 2008 年开始研制，基本型混合级布局 158 座，

△ C919 大型客机首架机总装下线现场

全经济舱布局168座，高密度布局174座，标准航程4075千米，增大航程5555千米。2009年1月6日，中国商飞公司正式发布首个单通道常规布局150座级大型客机机型，代号“COMAC919”，简称“C919”。

C919大型客机采用了先进气动布局、结构材料和机载系统，设计性能比同类现役大部分机型减阻5%，外场噪声比国际民用航空组织（ICAO）第四阶段要求低10分贝以上，二氧化碳排放低12%～15%，氮氧化物排放比ICAO CAEP6规定的排放水平低50%以上，直接运营成本降低10%。C919飞机严格贯彻中国民用航空规章第25部《运输类飞机适航标准》（CCAR25部），中国民用航空局（CAAC）于2010年受理了C919型号合格证申请，全面开展适航审查工作。2016年4月，欧洲航空安全局（EASA）受理了C919型号合格证申请。

C919大型客机是建设制造强国的标志性工程，具有完全自主知识产权。针对先进的气动布局、结构材料和机载系统，研制人员共规划了102项关键技术攻关，包括飞机发动机一体化设计、电传飞控系统控制律设计、主动控制技术等。先进材料首次在国产民机大规模应用，第三代铝锂合金材料、先进复合材料在C919机体结构用量分别达到8.8%和12%。C919大型客机研制实现了国产化设计、试验、制造和管理，数百万零部件和机载系统研制流程高度并行，由全球优势企业协同制造生产。对标国际民机先进制造水平，作为国产大型客机未来的批生产中心，中国商飞公司总装制造中心浦东基地已经建成全机对接装配、水平尾翼装配、中央翼装配、中机身装配和总装移动等先进生产线，采用了自动化制孔、钻铆设备、自动测量调姿对接系统等设备，可实现飞机的自动化装配、集成化测试、信息化集成和精益化管理。

圆满首飞　翱翔蓝天

2017 年 5 月 5 日下午 3 时 19 分，平日异常繁忙的浦东国际机场此时却“屏住呼吸”，深情注目并敞开怀抱：一架在

△ C919 大型客机圆满首飞

后机身涂有象征天空蓝色和大地绿色的客机，轻盈地舒展青春的双翼，稳健地降落在第四跑道上。这是一个历史性的时刻。它标志着萦绕中华民族百年的“大飞机梦”终于取得了历史突破，蓝天上终于有了一款属于中国的完全按照世界先进标准研制的大型客机。它意味着经过近半个世纪的艰难探索，我国具备了研制一款现代干线飞机的核心能力。这是我国航空工业的重大历史性突破，也是我国深入实施创新驱动发展战略，全面推进供给侧结构性改革取得的重大成果。

当日下午，第一架 C919 大型客机由机长蔡俊、试飞员吴鑫驾驶，搭载着观察员钱进和试飞工程师马菲、张大伟，于 14 时从浦东国际机场第四跑道腾空而起、冲上云霄。在南通

△ C919 大型客机首飞机组

东南 3000 米高度规定空域内巡航，平稳飞行 1 小时 19 分，完成预定试飞科目，并于15时19分安全返航着陆。蔡俊报告：飞机空中动作一切正常。C919 项目总指挥金壮龙宣布：C919 首飞圆满成功！

C919 大型客机成功首飞意味着中国实现了民机技术集群式突破，形成了我国大型客机发展核心能力。C919 大型客机所采用的新技术、新材料、新工艺更对我国经济和科技发展、基础学科进步及航空工业发展有重要的带动辐射作用。

自主创新之路

2017 年 12 月 17 日，C919 大型客机 102 架机首飞。C919 大型客机首飞也标志着项目全面进入研发试飞和验证试飞阶段。C919 研制批的试验机，全面开展了失速、动力、性能、操稳、飞控、结冰、高温高寒等科目试飞。同时安排了地面试验飞机分别投入静力试验、疲劳试验等试验工作。2022 年9月29日，C919大型客机取得中国民航局型号合格证（TC 证）。11 月 29 日，取得中国民航局生产许可证（PC 证）。12 月 9 日，全球首架 C919 大型客机交付使用。

C919 飞机从 2008 年 7 月研制以来，坚持“自主研制、国际合作、国际标准”技术路线，攻克了包括飞机发动机一体

△ 2017 年 12 月 17 日，C919 大型客机 102 架机首飞

化设计、电传飞控系统控制律、主动控制技术、全机精细化有限元模型分析等在内的 100 多项核心技术、关键技术，形成了以中国商飞公司为平台，包括设计研发、总装制造、客户服务、适航取证、供应商管理、市场营销等在内的主制造商基本能力和核心能力，形成了以上海为龙头，陕西、四川、江西、辽宁、江苏等 22 个省市，200 多家企业，20 万人参与的民用飞机产业链，提升了我国航空产业配套能级。推动国外系统供应商与国内企业组建了 16 家合资企业，带动动力、航电、飞控、电源、燃油、起落架等机载系统产业发展。包括宝武在内的 16 家材料制造商和 54 家标准件制造商成为大型客机项目的供应商或潜在供应商。陕西、江苏、湖南、江西等省建立了

一批航空产业配套园区。“以中国商飞为核心，联合中航工业，辐射全国，面向全球”的较为完整的具有自主创新能力和自主知识产权的产业链正在形成。

大型客机被称为“现代工业之花”。伴随着 C919 大型客机交付使用，我国民用飞机正在向市场化、产业化、国际化快速推进。通过 C919 和 ARJ21 新支线客机研制，我国掌握了 5 大类、20 个专业、6000 多项民用飞机技术，加快了新材料、现代制造、先进动力等领域关键技术的群体突破，推进了流体力学、固体力学、计算数学等诸多基础学科的发展。以第三代铝锂合金、复合材料为代表的先进材料首次在国产民机大规模应用，总占比达到飞机结构重量的 26.2%；推动了起落架 300M 钢等特种材料制造和工艺体系的建立，促进了钛合金 3D 打印、蒙皮镜像铣等“绿色”先进加工方法的应用。清华大学、上海交通大学、北京航空航天大学、西北工业大学等国内 36 所高校参与开展技术攻关和研发，建立了多专业融合、多团队协同、多技术集成的协同科研平台，构建起“以中国商飞为主体，以市场为导向，政产学研用相结合”的民用飞机技术创新体系，初步走出了一条国家重大科技专项创新发展之路。

经过新时期 C919 大型客机和 ARJ21 新支线客机研制，我国锻炼培养了一支信念坚定、甘于奉献、勇于攻关、能打硬仗、具有国际视野的大飞机人才队伍。2008 年成立以来，中国商飞公司坚持“依靠人才发展项目，依托项目培养人才”，人才数量从组建时的 3000 多人增加到超过 10000 人，形成了以吴光辉院士为代表的科技领军人才队伍，以 C919 大型客机首飞机长蔡俊为代表的试验试飞人才队伍，以“大国工匠”胡双钱、王伟为代表的技能人才队伍，以李东升、巴里为代表的海外人才队伍；培养了型号总设计师、专业总师、主任设计师 300 余人的核心研发人才，IPT 团队 0 级、1 级、2 级项目经理 400 余人的项目管理人才；拥有了超过 6500 人的科研人才

△ C919 大型客机 101 架机

队伍。

攻坚克难十余年，这支队伍弘扬“两弹一星”精神、载人航天精神和航空强国精神，发扬劳模精神、工匠精神，坚持“精湛设计、精细制造、精诚服务、精益求精”，在型号研制、项目发展、企业治理、党的建设等各领域全面开展创新创业创造实践，孕育形成了“航空强国、四个长期、永不放弃”的大飞机创业精神，为大飞机圆梦蓝天插上了腾飞的翅膀。

国产大型邮轮驶向大海

船舶工业是现代工业的集大成者，被称为“综合工业之冠”，彰显着一个国家的综合工业实力，其中大型邮轮被誉为船舶工业皇冠上的“明珠”。自 2013 年 10 月国产大型邮轮项目启动，到2023年7月国产大型邮轮完成首次海试，10年间，众多工程师和工人，用 230 万设计工时和 1800 万建造工时，打造出这座拥有 2500 万个零部件的“移动的海上城市”。

▽ “爱达 · 魔都号”邮轮从上海吴淞口国际邮轮港启航

这艘 24 层楼高、重达 13.62 万吨的“海上巨物”，是我国工程团队历经 8 年科研攻关、5 年设计建造的成果。2023 年 11 月，首艘国产大型邮轮“爱达·魔都号”命名交付，标志着我国已具备同时建造航空母舰、大型液化天然气运输船、大型邮轮的能力，集齐了造船工业的“三颗明珠”。

广阔的市场前景

近代邮轮业起源于欧美，盛行于以休闲度假为主导的旅游时代。但对于中国来说，邮轮行业是个全新的赛道。长久以来，大型邮轮的建造一直被欧洲垄断。

2006 年夏，意大利歌诗达公司旗下的“爱兰歌娜号”邮轮以上海为母港试水开辟航线，成为很多人开启邮轮体验的起点。

按照国际邮轮经济发展规律，当一个国家或地区人均 GDP 达到 5000 美元时，邮轮市场开始起步发展，人均 GDP 达到 10000 ~ 40000 美元时，邮轮产业会快速发展。从经济发展来看，我国早已具备了支撑邮轮市场快速发展的基础。

事实也验证了这一规律。“爱兰歌娜号”邮轮进入中国后，半年多时间就接待了 1.8 万名中国乘客。随后，国际各大邮轮公司竞相在中国布局。数据显示，2006—2019 年，国际邮轮品牌先后在中国运营了 23 艘邮轮，创造了中国邮轮市场高达 52% 的年复合增长率。2019 年，国际邮轮公司对中国的直接经济贡献为 140 亿元，带动总体经济贡献 358 亿元。截至 2019 年年底，中国已成为仅次于美国的全球第二大邮轮市场。

2013 年 4 月，习近平总书记在三亚国际邮轮港考察时要求加快发展邮轮产业，并提出“还要建造我们自己的邮轮”。

2013 年 10 月，中船集团启动国产大型邮轮项目。经过多方洽谈，2017 年，中船集团与意大利芬坎蒂尼集团等国外企业签署了中国首艘国产大型邮轮建造备忘录协议。

▽“地中海号”邮轮

2015—2017 年，在确定邮轮工程总体推进路线后，国产大型邮轮的研发团队在相当苛刻的合作条款下，斥巨资从意大利芬坎蒂尼集团购买了一艘大型邮轮的设计图纸。这些图纸共有 15 万份，总重量超过 2 吨。但这些图纸只是一个初步的设计图纸，很多关键技术问题，对方并未提供。

攻克关键技术难关

购买来的设计图纸参考价值虽大，却难以全盘照搬。首先要克服的，是对体量巨大、体系陌生的设计图纸的条分缕析、消化吸收。比如“安全返港”这一部分，过去在国内行业规范手册里，可能只有短短一段话，但在大型邮轮的设计图纸里却是一本上万页的手册。其次，即便图纸已经经过验证，但仍有一些细节不明晰甚至需要修正，例如“重量控制”环节中的一些关键设计要点，仍然需要自己探索。

开发设计团队的人数很快从 3 ~ 4 个，扩充到了 100 多个。国产大型邮轮的概念设计、基本设计、详细设计、施工设计、工艺设计等团队与意大利芬坎蒂尼集团的工程师团队紧密配合，先后进行了 5 轮设计工作，累计投入超过 230 万设计工时。相比之下，一艘 30 万吨级的超大型油船只需要 10 万个设计工时。

“爱达·魔都号”邮轮建造采取的路线为“引进、消化、吸收、再创新”，拿到的图纸看似隐藏了很多答案，但为什么要这么建造，这样建造到底行不行，还需要设计团队去评估实验。以减振降噪技术为例，设计团队不断计算评估、不断思考在船体不同位置需要哪些阻尼材料，即在图纸分析的基础上，以自主设计的思维为主线，达到设计要求。

另一项贯穿邮轮全生命周期的核心技术为安全返港。对于安全问题，设计团队更是不敢怠慢。为了更好地监测船舱的进水状态，“爱达·魔都号”邮轮设置了相关传感器，安全控制中心可以实时监控，以便快速处理。如船体内某一区域渗水，机舱内的隔断装置能够保护柴油机和发电机正常工作。如遇极端情况，比如严重进水或火灾，船体本身也是一个救生舱，可以以 8 节的航速，大约 15 千米 / 时的速度前行，最远能开 1500 海里。

2023 年 6 月，出坞的“爱达·魔都号”邮轮开展了船体倾斜试验，对整船的重量 / 重心和稳性进行测定。对于大型邮轮来说，空船重量的微小偏差可能导致载重吨的较大损失，而重心位置的偏差则会对稳性安全或游客舒适度带来较大影响。研发团队通过引进消化和自主创新，攻克了邮轮重量 / 重心控制这项关键技术。通过此次倾斜试验，研发团队对设计成果再次进行验证，试验结果完美，重量 / 重心数据可控。

建造好的“爱达·魔都号”邮轮全长 323.6 米，总吨位 13.62 万，拥有 2125 间豪华客房和套房，满载可容纳 5246 名宾客。

△“爱达 · 魔都号”邮轮三层挑高中庭广场

让邮轮建造产业链生根发芽

近年来，中国船舶在国际市场中的份额由小到大，逐步成为机电产品出口的支柱产业，年造船产量的 90% 为出口船舶，船舶产品出口到世界 190 多个国家和地区，为中国对外开放、经济发展做出了卓越贡献。

截至 2024 年 4 月底，“爱达 · 魔都号”邮轮已成功运营 26 个航次，服务十余万国内外旅客。这代表着中国邮轮自主运营实现从零到一的突破，也促使爱达邮轮公司加快了旗下第二艘大型邮轮的建造步伐，加大对中国市场运力的供给，满足日益增长的邮轮旅游需求。

就在“爱达·魔都号”邮轮开启又一次远航的同时，爱达邮轮公司宣布旗下第二艘国产大型邮轮在上海外高桥造船有限

▽“爱达·魔都号”邮轮与“地中海号”邮轮

公司迎来坞内连续搭载总装里程碑节点。这标志着中国船舶工业在初步掌握大型邮轮设计建造关键核心技术的同时，向着批量化、系列化建造大型邮轮的目标又迈出了具有开创性意义的重要一步，跨入大型邮轮建造 2.0 新时代。

CR

交通先行

习近平总书记在第二届联合国全球可持续交通大会开幕式主旨讲话中指出："新中国成立以来，几代人逢山开路、遇水架桥，建成了交通大国，正在加快建设交通强国。""交通成为中国现代化的开路先锋。"

中华人民共和国成立初期，全国铁路总里程仅 2.2 万千米，公路里程仅 8.1 万千米。改革开放后，交通运输发展逐渐加速，特别是党的十八大以来，交通建设进入基础设施发展、服务水平提高和转型发展的快车道。党的十九大做出建设交通强国的重大战略决策，交通运输发展迎来黄金期。

截至 2023 年年底，我国铁路运营总里程达 15.9 万千米，其中高铁运营里程 4.5 万千米，"八纵八横"高铁网主通道建成比例达 80%。2023 年全国铁路投产新线 3637 千米，其中高铁 2776 千米，又有 22 个县结束了不通铁路的历史。

党的十八大以来，我国加快建设"八纵八横"高速铁路主通道、"71118"国家高速公路网主线、世界级港口群、世界级机场群，综合交通网突破 600 万千米。北京大兴国际机场、港珠澳大桥、京张高铁、延崇高速公路等重大工程陆续建成投用，为京津冀协同发展和雄安新区建设、长江经济带、粤港澳大湾区、成渝地区双城经济圈和海南自由贸易港等重大战略的实施提供了有力支撑。

"六廊六路多国多港"的互联互通架构初具规模，成为"一带一路"建设的重要成果。中老铁路、亚吉铁路、蒙内铁路开通运营，铁路技术装备出口全球 100 多个国家和地区，中欧班列通达欧洲 25 个国家。由“交通大国”迈向“交通强国”的中国，与世界相交，与时代相通，将在实现自身发展的同时，为全球发展做出更大贡献！

港珠澳大桥架起三地“一小时生活圈”

2018 年 10 月 23 日，港珠澳大桥开通仪式在广东珠海举行，习近平总书记出席仪式并宣布大桥正式开通。他强调，这是一座圆梦桥、同心桥、自信桥、复兴桥！

港珠澳大桥是连接香港、珠海、澳门三地的大型跨海通道，全长 55 千米，集桥、岛、隧于一体，是世界上最长的跨海大桥。大桥将粤港澳三地纳入“一小时生活圈”，三地人民“你中有我，我中有你”，形成一家亲，成为一家人。

▽港珠澳大桥

港珠澳大桥主体桥梁工程以其耐久环保、高品质、高质量、可持续等特点，荣获国际桥梁与结构工程协会（IABSE）评选的2020年度“杰出结构工程奖”。英国《卫报》盛赞港珠澳大桥为“新的世界七大奇迹”之一。

港珠澳大桥的建设

港珠澳大桥为世界最长跨海大桥，工程全长约55千米，包括3项内容：一是海中桥隧主体工程；二是香港、珠海、澳门三地口岸；三是香港、珠海、澳门三地连接线。其中，海中桥隧主体工程由三地政府共建共管，其范围起自珠澳口岸，终于粤港分界线，长约29.6千米，采用桥—岛—隧集群方案，包含约6.7千米沉管隧道和22.9千米跨海桥梁，为实现桥梁和隧道转换，隧道两端各设置一个海中人工岛。

珠江入海口区域地处亚热带海洋性季风气候区，常年高温、潮湿，外海作业受台风影响十分频繁；该海域基岩埋藏在海床面下50～110米，软弱地层深厚，为保证珠江水系防洪纳潮，海中结构物的阻水率必须控制在10%以内；珠江口海域是国内最繁忙的海上交通区段之一，最大航运日流量超过4000艘次；该海域还设有中华白海豚国家级自然保护区，环境敏感点众多，海洋水质和生物保护要求高。港珠澳大桥正是在这样一个颇具挑战性的环境下实施的超级工程。工程集桥梁、海底隧道、人工岛于一体，设计使用寿命达 120 年，技术标准高于同类工程，建设难度极大，必须依靠科技创新，把生态环保放在重要位置，实现关键技术、关键设备、装备的重大突破，以确保工程的顺利实施。

港珠澳大桥的建设目标是：建设世界级的跨海通道，成为地标性建筑，为用户提供优质服务。

为达到建设目标，针对项目特点，逐步形成了四个建设理念，以指导工程实践：

一是全寿命周期规划，需求引导设计：项目规划不仅考虑建设期需求，更要充分考虑运营管理、维护保养需求，保障整个工程在 120 年全寿命周期内结构功能满足使用要求且成本最低。

二是大型化、标准化、工厂化、装配化：大面积推行“工厂化生产、机械化装配”的建设思路，化水上施工为陆域加工制造，把工地变成工厂，把构件变为产品。充分保证大桥建设质量和耐久性。

三是立足自主创新，整合全球优势资源：充分利用港澳地区国际化平台，整合全球优势资源为工程服务，提高行业技术和装备水平。

四是绿色环保、可持续发展：平衡好质量安全、生态环保与工程建设、项目运营之间的关系，建成世界一流的桥隧工程和绿色高效的交通通道。

技术标准填补空白　岛隧工程领先世界

开工以来，大桥围绕建设理念，进行了一系列实践，取得了若干建设成果。

港珠澳大桥建设过程中的技术标准采用三地“就高不就低”原则，在每一个阶段都对技术标准安排了专项研究，吸取、归纳、综合了香港地区及相关国际标准的长处，逐步建立了完整的项目技术标准体系，涵盖设计、施工、运营等各方面，不仅较好地支撑了工程建设，而且系统地填补了我国外海交通建设技术标准的空白。

港珠澳大桥在岛隧工程方面也取得了领先世界的成果。

人工岛快速成岛

两个人工岛地处开敞海域，岛体全部位于约 30 米厚的软基之上，是迄今为止我国建设速度最快的离岸人工岛工程。共采用 120 组深插式钢圆筒形成两个人工岛围护止水结构，单个圆筒直径 22 米，高度 40 ~ 50 米，重约 500 吨。通过采用该创新技术，两个 10 万米^{2}的人工岛在 215 天内即完成了岛体成岛，与传统抛石围堰工法相比，施工效率提高了近 5 倍，且海床开挖量大幅减少，对海洋的污染也降至最低。

△ 东人工岛全景

隧道管节工厂化生产

港珠澳大桥海底隧道是我国首条在外海建设的超大型沉管隧道，海中沉管段长达 5664 米，由 33 节管节组成，标准管节长度 180 米，重约 8 万吨，最大作业水深 46 米。33 个巨型管节全部采用先进的“工厂法”生产，在距离隧道轴线约 7 海里的桂山牛头岛预制厂中完成预制，然后整体拖运到工程现场进行沉放。与传统的“干坞法”相比，“工厂法”可形成流水线生产模式，实现全年 365 天不间断流水生产，管节预制效率和质量大幅提升，代表了未来大型构件大规模生产的技术趋势。

隧道基础处理

隧道近 6 千米的沉管段全部位于软弱地基，地基不均匀沉降直接影响沉管结构安全及防水，是隧道安全建设运营的关键，必须突破常规的施工方式，采用更先进的理念及精细化的施工作业。为此，工程大规模采用了环保的挤密砂桩地基加固技术，使用量近 130 万米^3；采用了复合地基方案，协调地基刚度过渡，斜坡段采用挤密砂桩，中间段为天然地基加抛填块石夯平，管节与地基间铺设碎石垫层；依靠自主研发的大型装备，对基槽开挖、清淤、基床铺设等关键工序进行了高精度施工控制。从目前的监测数据看，基础沉降控制效果十分理想。

沉管浮运安装

一个标准管节重约 8 万吨，犹如一艘航空母舰，且浮运线路位于伶仃洋最繁忙的通航水域，操控难度极大。为此，工程联合海洋环境预报专业团队，开展了小区域水文气象窗口预报，为浮运沉放各阶段决策提供精确的风浪流条件参数，联合海事部门实施海上临时交通管制和护航，采用 11 艘大马力全回转拖轮协同作业，运输距离 12 千米。自主研发多项专用管节沉放控制和保障设施，包括管节压载系统、深水测控系统、拉合控制系统、管内精调系统、作业窗口管理系统、回淤监测及预警预报系统等，满足了 46 米水深下的对接精度要求。

△ 管节浮运

独特的中国桥

桥梁工程包括青州航道桥、江海直达船航道桥、九洲航道桥3座通航孔桥，分别是中国结、海豚塔、风帆塔的景观设计，剩余约20千米非通航孔桥均采用钢结构主梁或组合梁，单墩设计，承台深埋的方案，颇具工业化观感，景观效果独特优美。

桥梁结构装配化施工

在我国桥梁施工技术及工业化水平逐步提升的背景下，港珠澳大桥桥梁结构采用了工厂标准化生产、大型装配化施工，将预制构件尺寸尽量做大，通过大型起吊设备现场安装，缩短现场安装作业时间，降低海上施工风险，缩短工期，保证质量。

承台墩身采用整体预制、吊装，深水区非通航孔桥127个承台墩身（最大吊重约3200吨），浅水区非通航孔桥63个承台墩身（最大吊重约2400吨）全部采用混凝土预制，由大型浮吊运输至施工现场进行安装。为减少对河势、航道、水利等的不利影响，非通航孔桥190个承台全部埋入深8～15米的海床面以下，这在国内外桥梁建设中尚属首次，并通过采用新型胶囊Gina止水带以及钢圆筒围堰干法施工等创新工法，成功解决了因采用埋置式承台而带来的止水和环保难题。

箱梁采用大节段整孔逐跨吊装，钢箱梁共128跨，标准节段长110米，吊装重量最大3600吨。组合梁分幅设置，共

△ 墩台整体预制

△ 钢箱梁大节段吊装

△ 桥塔吊装

148 片，标准节段长 85 米，单片梁吊装重量约 2000 吨。江海直达船航道桥“海豚型”钢塔高约 110 米，重约 3100 吨（含吊具），采用大型浮吊一次吊装到位。

桥梁钢结构自动化制造

桥梁钢结构制造规模达 42.5 万吨，如此规模在国内尚属首次。为保证制造质量、降低传统工艺的人为影响，港珠澳大桥钢箱梁板单元制造全面采用了自动化、智能化的先进制造工艺和装备，建成了全新的自动化生产线。钢结构所有板单元实现自动化制造，相比传统工艺生产效率提高了 30% 以上，且质量大幅提升，促进了桥梁产业升级。

如今港珠澳大桥已成为粤港澳大湾区的物流大动脉，对完善国家和区域高速公路网络布局、密切珠江西岸地区与香港地区的经济社会联系、促进珠江两岸经济社会的协调发展发挥重大作用。未来的路还很长，也并不轻松，全体建设者必须保持“如临深渊、如履薄冰”的风险意识，扎扎实实解决工程实际问题，真正把大桥建设成百年工程！

▽钢箱梁工厂制造

洋山港挑战港口科技高峰

2023 年，上海港集装箱吞吐量突破 4900 万标准箱大关，连续 14 年蝉联全球第一。其中，洋山港集装箱吞吐量 2500 万标准箱，同比增长 4.6%，在上海港集装箱年吞吐量 4900 万标准箱中的占比提升至 51%，创下新的历史纪录。

2017 年 12 月 10 日，上海洋山港四期自动化码头开港试运营。这是继厦门远海自动化码头、青岛港集装箱全自动化码

▽洋山港——天空之镜（张墨／摄）

头之后，中国第三个集装箱自动化码头，也是全球单体最大、自动化程度最高的集装箱自动化码头。它的建成和投产标志着中国港口行业在运营模式和技术应用上实现了跨越升级与重大变革，为上海港进一步巩固港口货物吞吐能力世界第一地位、加速跻身世界航运中心前列，提供了全新动力。

四分之一甲子的轮回

1992 年 10 月，党的十四大做出了“以上海浦东开发开放为龙头，进一步开放长江沿岸城市，加快把上海建成国际经济、金融、贸易中心之一，带动长江三角洲和整个长江流域地区经济的新飞跃”的重大战略决策。洋山港的建设应运而生，成为我国港口建设的旗舰工程。

春夏秋冬，四季轮回。从 2002 年到 2017 年，四分之一甲子的光阴，弹指一挥间，洋山港在不断发展壮大中，交出了一份优异的答卷。

2002 年，上海洋山港一期工程开工建设。2005 年 12 月，一期码头建成投产，洋山港正式开港。二期工程于 2005 年开工建设，2006 年年底建成投产。三期工程于 2006 年开工建设，2007 年 12 月和 2008 年 12 月分期建成投产。洋山港一期到三期工程累计建成 5.6 千米深水集装箱码头岸线、16 个

7万～15万吨级深水集装箱泊位，年吞吐量超过1500万标准箱。上海洋山港工程先后获国家优质工程奖、中国土木工程“詹天佑奖”、中国建设工程“鲁班奖”等诸多奖项。

四期工程为洋山港区的收尾工程，由上港集团和上海振华重工联合打造，于2017年12月10日开港试运营。四期工程总占地面积223万米^2，岸线长达2350米，拥有2个7万吨级泊位，5个5万吨级泊位，设计年吞吐能力初期400万标准箱，远期达到630万标准箱。

上港集团和上海振华重工以高度发展的现代机械、信息科技为基础，以“高可靠、高效率、世界先进水平”为目标，将洋山深水港区四期工程联合打造为世界一流的、高效、节能、安全、绿色的全自动化集装箱港区，实现了从人工到全自动的历史飞跃。

从人工到自动

从20世纪80年代中期开始，自动化技术的进步使得欧洲和日本的港口率先规划尝试建设自动化集装箱码头。

就全球范围来看，世界上第一个自动化集装箱码头于1993年在荷兰鹿特丹港的ECT码头投入运行，接着是英国伦敦港、日本川崎港、新加坡港、德国汉堡港等相继建成全自动

△ 洋山港四期自动化码头（李学民 / 摄）

化或半自动化（仅堆场自动化）的集装箱码头。

我国的自动化集装箱码头建设发展目前处于起步阶段，2014 年，厦门远海码头对 14 号泊位及 15 号部分泊位进行改造，建成国内第一个全自动化集装箱码头。2015 年，上海港、青岛港先后宣布开始规划建设自动化集装箱码头，引领着国内集装箱码头发展的新潮流。

洋山港四期自动化码头采用无人运营作业，是全球单体规模最大、综合自动化程度最高的集装箱码头，被称为“魔鬼码头”。这一切都离不开上海振华重工为洋山港四期开港提供的全自动化设备。

在洋山港四期工程中，上海振华重工承担了全自动化码头的设计研发制造和安装调试任务，提供了50台自动导引运输车（AGV）、10台自动化岸桥、40台自动化轨道吊，其中双箱自动化轨道吊更是首次投入全球市场，可提升50%的工作效率。这是洋山港能够成为世界最大、最先进自动化码头的根本原因。

其中，最引人注目的莫过于“搬运工”AGV。作为船舶装卸作业的重要运输载体，它们既可以深入悬臂箱区作业，又可以在堆场中来回穿梭，既可以在一周内不间断作业，又可以有效降低码头能耗。

工作人员风趣地将AGV比作“快递小哥”。对于快递员来说，最重要的就是在保证安全的前提下，在最短的时间内将包裹送到目的地。为了有效提升码头运营效率，合理规划运输路径，工作人员为AGV配备了智能控制系统。该系统可以实时考虑交通状况，提供最优路线，并在后续运行中实时更新数据。

而机器不会随机应变，当发生交通阻塞时，机器会进入“死锁”状态，多台AGV会面面相觑，谁也不愿意挪开。为了解决这一问题，工作人员为车队建立了简单易行的交通规则，比如先到先行，如果当前路径没有其他车辆，小车可以“闯红灯”。为了避免小车“死锁”，他们还为小车安上了“眼睛”，使小车具备了辨别、探测障碍物的能力，当超过安全距离时，小车便会自动报警并急停。小巧的车身、灵敏的感应装

△“魔鬼码头”洋山港（李学民 / 摄）

置，保证了设备在极恶劣的天气也能准确接收运行指令，使设备摆脱了轨道与光缆的束缚，彻底解放了集装箱运行路线。

AGV 实现自动导航和行驶的关键在于洋山港四期码头特殊的场地设计。码头广场上每隔 2 米就有一颗嵌入地面的磁钉。这些磁钉就像手机芯片一样，当车辆靠近时，磁场会激发 AVG 车头、车尾安有的接收装置产生信号，并通过“棋盘坐标”精确锁定小车位置。

采用自动化集装箱码头方案，使洋山港在装卸效率、可靠性、智能化、绿色环保及生产安全性等方面取得跨越式提升，主要装卸环节实现电力驱动，消除了尾气排放，降低了环境噪声。人机分离极大限度地提高了作业的安全性。装卸行程的优化以及能量反馈技术进一步降低了能耗。智能化系统的引入大大降低了作业人员的劳动强度。自动化集装箱堆场"高密度"的堆垛方式，大幅提升堆场通过能力，有效克服了工程陆域纵深狭窄、堆场容量不足的短板。

运营后的洋山港四期工程，呈现的是这样一幅画面——巨大的集装箱被轻轻抓起又放下，无人驾驶的电动车辆来回运送。远程控制室里的工作人员只要轻点鼠标，就能实现对码头装卸作业的操控。

△ 洋山港自动化码头在作业（李学民 / 摄）

为码头安上“中国芯”

究竟是谁在指挥全自动化码头呢？答案是上海振华重工与上港集团通力合作自主研制的 TOS 系统（码头操作系统）和 ECS 系统（设备控制系统），两者组成了洋山港四期全自动化码头的“大脑”与“神经”。

TOS 系统具备自动配载、智能调度、自动堆场管理及自动道口、业务处理等功能。它是自动化码头会思考、能决策的“大脑”，控制着码头上所有的自动化设备，让作业全过程智能调度、无缝衔接。TOS 系统让国内自动化码头第一次用上“中国芯”。

ECS 系统用以实现自动化码头装卸设备的调度控制及设备间的协调工作。ECS 相当于自动化码头里面的神经网络系统，主要根据 TOS 的规划和指令来完成对装卸设备的作业控制、流程优化、安全保护、监控管理和智能调度，取代了传统码头的司机及相关设备终端，智能化地指挥设备安全、自动、高效地把集装箱搬运到任务目的位置。

两套系统如何完美接入是摆在工作人员面前最大的难题。为了按时完成计划，上海振华重工组成的青年突击队于 2016 年 3 月组织了封闭式开发，搭建了仿真测试环境，在设备到岸之前集中力量进行仿真测试，在虚拟环境中进行系统联调。

2016 年 6 月，设备陆续到岸，为了尽快开展系统联调，工作人员又夜以继日加紧现场单机和系统测试，于 2016 年 8 月底按时完成既定任务，为系统联调争取了时间。在各方的共同努力下，2016 年年底实现 3 台岸桥、15 台 AGV 和 6 个箱

△ 上海振华重工制造的全球最大集装箱自动化码头设备源源不断运抵洋山港四期码头（李学民 / 摄）

区的系统联调，并通过实船测试进行了验证。

TOS 系统和 ECS 系统的应用，减少了码头的人力成本和生产过程中的人为干扰因素，特别是保证了人身安全事故不再发生，并改善了码头操作人员的工作环境，大大提高了码头的作业效率。

光阴荏苒，时光飞逝。自动化码头系统从无到有，取得了非凡的成绩。洋山港是中国港口建设走向深海的标志，也预示着中国港口规划建设能力已基本实现全球无禁区。洋山港作为中国港口建设的旗舰工程，尤其是四期全自动化码头的背后，是中国港口建设体系的强力支撑。

自主创新 中国高铁铸“国家名片”

2022 年 1 月 6 日，身披“瑞雪迎春”涂装的奥运版“复兴号”智能动车组亮相京张高铁，成为世界瞩目的焦点。从“复兴号”被命名，到在京沪高铁、京津城际铁路、京张高铁、成渝高铁实现时速 350 千米商业运营，短短几年时间，“复兴号”以最直观的方式向世界展示了“中国速度”，为经济社会发展注入了强劲动力。

▽京沪高铁动车组在动车运用所内蓄势待发（京沪高速铁路股份有限公司 / 提供）

“复兴号”家族惊艳亮相

我国自 2000 年开始组织高速动车组研制开发，先后自主设计研制了“先锋号”“中华之星”等动车组，并上线进行了大量试验。2006 年以来，在对世界先进动车组制造技术引进消化吸收再创新的基础上，批量生产并投入运营了“和谐号”动车组。

从 2012 年开始，我国全面启动中国标准动车组研制工作。在研发实践中，确定了自主化、简统化、互联互通、技术先进

△“和谐号”动车组列车飞驰在京津城际铁路的高架桥上（原瑞伦 / 摄）

△ 京张高铁"复兴号"智能动车组整装待发（孙立君/摄）

及自主知识产权等顶层目标，提出了动车组动力配置、网络系统架构、车体尺寸等关键技术参数，发布了中国标准动车组技术条件，组织制定了动车组技术方案，明确了开展动车组关键技术攻关的基本路径，确保了研发工作顺利实现预期目标。

2015—2016 年，中国标准动车组先后完成了型式试验、科学研究试验、运用考核。2017 年 6 月 25 日，中国标准动车组被命名为"复兴号"，6 月 26 日在京沪高铁双向首发，9 月 21 日在京沪高铁实现时速 350 千米商业运营，之后不断扩大运营范围。2021 年 6 月，拉萨至林芝铁路开通运营，"复兴号"高原内电双源动车组开进西藏、开到拉萨，历史性地实现了"复兴号"对 31 个省（区、市）的全覆盖。目前，我国已经形成涵盖时速 160 ~ 350 千米不同速度等级，能够适应高原、高寒、风沙等各种运营环境的“复兴号”系列产品，主要性能指标达到世界一流水平。

运营速度方面，目前在京沪高铁、京津城际铁路、京张高铁、成渝高铁等1910千米高铁线路上，“复兴号”以时速350千米运营，我国成为世界上唯一实现高铁时速350千米商业运营的国家，树立起世界高铁商业化运营新标杆。

安全性方面，“复兴号”车体为整体承载结构，具有高强度、高耐撞性和轻量化特点；整车设置智能化感知系统，特别是在智能型“复兴号”动车组部署2700余项监测点，开发了自我感知、健康管理、故障诊断等列车运行在途监测技术，实现了对列车运行状态的全方位监测和实时诊断。

节能环保方面，“复兴号”车体头型进一步优化，有效降低了持续运行的能耗和噪声；与“和谐号”动车组相比，“复兴号”运行阻力降低12.3%，时速350千米条件下人均百千米能耗下降17%，车内外噪声分别降低1～3分贝和0～3分贝。

舒适性方面，“复兴号”动车组采用减振性能良好的高速转向架，车体振动加速度小、振幅低、噪声弱，平稳性指标达到国际优级标准，较好解决了列车空气动力学、轮轨关系、车体气密强度等技术难题，提高了列车进出隧道、高速交会时的安全性和乘客舒适度。车厢内部空调系统新风达16米^{3}/人·时，比其他国家高7%～60%；车体宽，空间大，横截面积达到11.2米^{2}，比其他国家多14.3%，为旅客提供了宽敞舒适的旅

△“复兴号”内部设施（陈涛／摄）

行环境。

可靠性方面，适应我国地域广阔、环境复杂和动车组长距离、高强度运行需求，“复兴号”整车设计寿命由20年提升至30年，主要结构部件按1500万千米进行考核，整车按60万千米进行运用考核，远高于欧洲一般20万千米的考核要求，为世界上最高等级的考核标准。

优异的性能让“复兴号”受到广大旅客的青睐，截至2021年年底，全国铁路配备“复兴号”系列动车组1191组，累计安全运行13.58亿千米，运送旅客13.7亿人次，“坐着高铁看中国”成为人民群众享受美好旅行生活的真实写照，以“复兴号”为代表的中国高铁成为一张亮丽的国家名片。

高铁技术体系“中国标准”构建形成

谁制定标准，谁就拥有话语权；谁掌握标准，谁就掌握主动权。铁路部门高度重视高铁技术标准体系建设，经过多年的探索实践，形成了涵盖高铁工程建设、装备制造、运营管理三大领域的成套高铁技术体系，高铁技术水平总体进入世界先进行列，部分领域达到世界领先水平，迈出了从“追赶”到“领跑”的关键一步。

高铁工程建造领域　我国坚持走自主创新道路，成功掌握了世界级大跨度高铁桥梁建造技术，在桥梁设计理论、新型材料研发、桥梁建造技术、大型施工机械装备等方面取得一系列创新成果，修建了沪苏通铁路长江大桥、五峰山长江大桥2座主跨超千米和武汉天兴洲大桥等6座主跨超500米的世界级大跨度高铁桥梁，实现了从“桥梁大国”向“桥梁强国”的转变；成功掌握了复杂地质条件下长大隧道工程建造技术，建成了广深港高铁狮子洋隧道、西成高铁秦岭隧道群等100多座10千米以上的长大高铁隧道，高铁隧道施工技术达到世界领先水平；成功掌握了高铁路基和轨道设计、施工等关键技术，满足了高铁轨道高平顺、高稳定性和少维护的需要。

△ 沪苏通铁路长江大桥（单新元 / 摄）

高铁技术装备领域 “复兴号”拥有完全自主知识产权、达到世界先进水平，在全部 254 项重要标准中，中国标准占 84%。适应我国高铁成网运营对通信信号和牵引供电技术的特殊要求，我国自主研发 CTCS-3 级列车控制系统，建成了高铁供电调度控制系统（SCADA），使高铁网具备功能强大、安全可靠的中枢神经系统和电力供应系统。与此同时，北斗导航、5G、大数据等先进技术在高铁得到成功应用。

高铁运营管理领域 我国全面掌握了复杂路网条件下高铁运营管理成套技术，解决了不同动车组编组、不同速度、长大距离和跨线运行等运输组织难题，实现了繁忙高铁干线和城际铁路列车高密度、公交化开行，高峰期发车间隔仅为 4 ~ 5 分钟。

随着我国高速铁路快速发展，我国在世界铁路的地位不断提升，我国专家担任了国际铁路联盟亚太区主席、国际电工委员会副主席、国际标准化组织铁路应用技术委员会主席等领导职务。目前，“一带一路”标志性项目雅万高铁已正式开通运营，有力推动了我国铁路标准走出去。在国际标准化组织铁路应用技术委员会开展的 40 项标准制定工作中，我国主持 9 项、参与 31 项；在国际电工委员会开展的 99 项标准制定工作中，我国主持 13 项、参与 48 项；在国际铁路联盟开展的 606 项标准制定工作中，我国主持 26 项、参与 21 项。我国还与俄罗斯等 21 个“一带一路”沿线国家签署标准化互认合作协议，中国铁路在世界铁路的影响力不断提升，使世界对铁路发展、高铁发展有了新的认识，促进了基于中国标准、中国方案的国际铁路合作，为实现我国高水平对外开放，推动高质量共建“一带一路”发挥了积极作用。

格物
致知

习近平总书记指出：“要持之以恒加强基础研究。”“加强基础研究是科技自立自强的必然要求，是我们从未知到已知、从不确定性到确定性的必然选择。”“我国面临的很多‘卡脖子’技术问题，根子是基础理论研究跟不上，源头和底层的东西没有搞清楚。”

作为整个科学体系的源头，基础研究的水平决定了一个国家科技创新的底蕴和后劲。党的十八大以来，我国的基础研究取得长足进步，迈入从量的积累向质的飞跃、从点的突破向系统能力提升的新阶段。

我国支持基础研究发展的政策体系不断完善，制定出台《国务院关于全面加强基础科学研究的若干意见》等重要文件；加大对基础研究的支持力度，基础研究经费不断提高；全力打造北京、上海、粤港澳大湾区国际科技创新中心和怀柔、张江、合肥、大湾区综合性国家科学中心，布局建设了13个国家应用数学中心，科研基础条件不断夯实；国内发明专利、PCT国际申请量跃居全球第一，高质量的国际论文数量连续多年位居全球第二。

我国在物质科学、量子科学、纳米科学、生命科学等方面取得一批具有国际影响力的原创成果：“中国天眼”建成启用并产出系列重要成果；干细胞研究取得突破；量子计算原型机“九章”研制成功；快速驯化育种开辟全新育种方向。

《基础研究十年行动方案（2021—2030）》的出台，对我国基础研究的发展做出系统的部署和安排：进一步优化学科布局和研发布局，支持新兴学科、冷门学科和薄弱学科的发展，特别是要推动学科交叉融合和跨学科研究；在前沿领域，布局建设一批基础学科研究中心。制订、实施战略性科学计划和科学工程，强化应用导向的基础研究，完善共性基础技术供给体系。加快组建国家实验室，重组国家重点实验室体系，打造体系化的战略科技力量。改革完善基础研究的体制机制，进一步加大基础研究投入，建立以学术贡献和创新价值为核心的评价导向，支持广大科研人员勇闯创新“无人区”。

干细胞研究
探索未知的生命奥秘

在这颗蔚蓝色的星球上，生命经过约 38 亿年的漫长演化，形成了今天我们看到的无比复杂且繁茂的生命系统。时至今日，人类已经拥有了空前发达的文明与科技，但对于生命的认知和理解仍然只是沧海一粟。

生命科学新理论、新技术不断涌现，干细胞与再生医学、

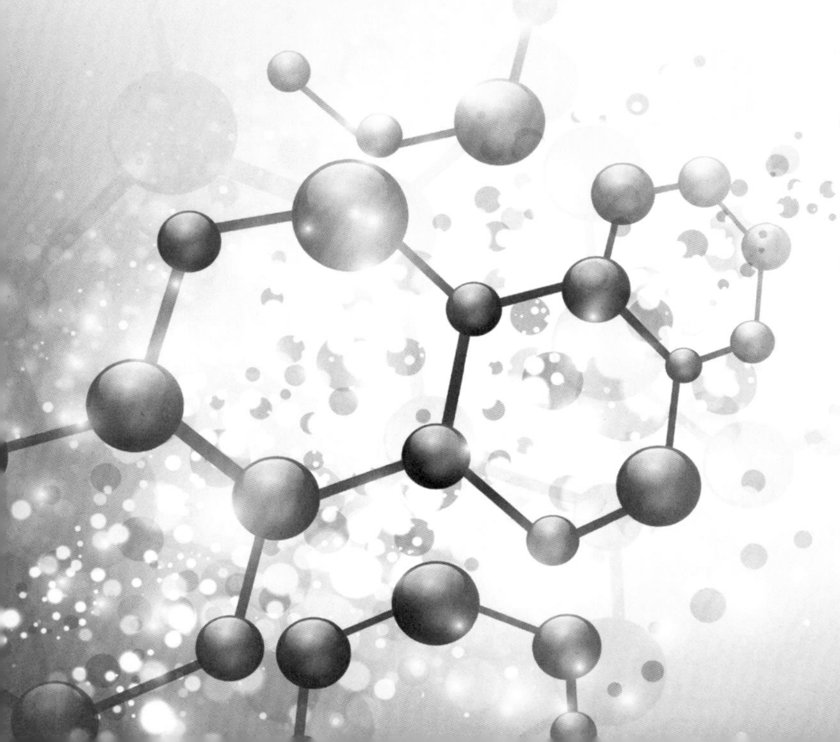

基因组学、基因编辑技术、合成生物学的发展，使得我们对生命的本质有了更深入的理解，并逐步具备了应用这些基础研究成果抗击突发、重大传染病，延缓衰老，改造、甚至创造生命的能力。

探索发育奥义

在自然界中，大多数哺乳动物细胞都是由二倍体或多倍体细胞构成的，仅有精子或卵子一类特殊的生殖细胞以单倍体的形式存在，人们是否可以获得仅具有单倍染色体的干细胞呢？2011 年前后，美国科学家和中国科学家团队分别利用人工激活的方法，从小鼠的卵子和精子中成功获得孤雌单倍体干细胞和孤雄单倍体干细胞，这些特殊的干细胞同时具有类似于小鼠胚胎干细胞的特征，即能够自我更新、定向分化，而更为重要的是，这些细胞保持了来自卵子或精子的单套染色体状态。单倍体细胞中只具有一套染色体，这降低了其基因组的复杂程度，有利于隐性纯合体的获得，是极具价值的遗传学研究工具。

我们知道高等动物中普遍存在生殖隔离的现象，即不同物种间的动物一般不会互相交配而产生后代。单倍体干细胞技术的出现为人们研究物种间生殖和进化提供了新工具。中国科学院动物研究所周琪研究员将小鼠和大鼠两个物种的单倍体干细胞进行融合，首次获得人工创建的、以稳定二倍体形式存在的异种杂合胚胎干细胞，它们包含大鼠和小鼠基因组各一套，并且异源基因组能以二倍体形式稳定存在。异种杂合二倍体干细胞能够分化形成各种类型的杂种体细胞以及早期生殖细胞，并展现出兼具两个物种特点的独特的基因表达模式和性状。这些具有胚胎干细胞特性的异种二倍体杂合干细胞将为进化生物学、发育生物学和遗传学等研究提供新的模型和工具，从而完成更多的生物学新发现。

同性生殖的现象在动物中并不罕见，例如在爬行类的蜥蜴、两栖类的蛙，以及多种鱼类中，都有孤雌生殖现象。然而对于高等哺乳动物，无论孤雌生殖或孤雄生殖都不存在。科学家人工构建出的孤雌或孤雄胚胎均在发育早期死亡。在爬行类和两栖类不存在、在哺乳类进化出来的印记基因被认为阻碍哺乳动物同性生殖的重要因素。中国科学院动物研究所研究团队结合单倍体干细胞技术和基因编辑技术对这些问题进行探索。该研究团队首先发现，由卵细胞建立的孤雌单倍体干细胞，在高代次条件下，删除两个印记区段并注射进第二个卵细胞后，能发育得到有“两个母亲”的孤雌小鼠。进一步研究发现，高代次的孤雌单倍体细胞展现出了一种不同于卵子或较低代次细胞，反而类似原始生殖细胞的全基因组甲基化模式，且所有的印记区段都呈现出类似原始生殖细胞的“无印记”状态。

中国科学院动物研究所胡宝洋研究员、周琪研究员和李伟研究员团队合作，利用基因编辑技术对单倍体胚胎干细胞进行印记基因修饰并利用该细胞进行复杂胚胎操作的形式，得到了世界上首只双父亲来源的小鼠。研究人员利用单倍体干细胞易于基因编辑的特性，在孤雄单倍体干细胞中，筛选并删除了7个重要的印记控制区段。这些经过基因编辑的孤雄单倍体干细胞与另一颗精子所形成的孤雄胚胎干细胞，发育成为活的孤雄小鼠。这些孤雄小鼠外观正常，可以自主呼吸，但是都在出生后48小时内死亡。这是首次获得具有两个父系基因组的孤雄小鼠，证实了即便在最高等的哺乳动物中，孤雄生殖也有可能实现。这些发现对理解基因组印记的进化、调控和功能具有重要意义，对于开发新的动物生殖手段也有重要价值。

破译衰老密码

人口老龄化是人类社会发展面临的一个巨大难题。老年人的多组织、器官生理结构和功能退化导致一系列衰老相关疾病，如骨关节炎、心血管疾病、神经退行性疾病等，使老年人生活质量明显降低，给家庭和社会带来沉重负担。那么，人类该如何解答这个难题，减少衰老对生命质量和生活质量的影响呢？中国科学院动物研究所刘光慧团队致力于探索衰老的核心机制，破译衰老密码，为未来实现衰老干预奠定基础。

人们一般认为年龄代表着衰老进程，年龄越大衰老程度越高。然而，生活中鹤发童颜者有之，未老先衰者也有之。衰老的机制非常复杂，为了更好地认识衰老机制，研究团队建立了加速衰老及神经病变等衰老相关疾病的人类干细胞研究体系。这为认识人类干细胞衰老及演变规律提供了研究平台。基于上述研究平台，研究人员首次发现核纤层/异染色质的失稳是人类干细胞衰老的驱动力，而小分子药物奥替普拉、槲皮素、维生素C、没食子酸可通过稳定核纤层/异染色质延缓人类干细胞衰老。此外，低剂量槲皮素还能够延长老年小鼠的健康寿命，使多种组织中细胞水平的衰老表型明显改善。这些小分子药物为延缓器官甚至机体衰老提供了潜在的解决方案。

细胞是生命体的基本单位，细胞的活力下降、功能减退往往预示着衰老的发生。因此，如果找到导致细胞衰老的基因并加以控制，或许就能够实现延缓衰老的目标。研究团队历经数年的“大浪淘沙”，发现了一个名为*Kat7*的新型人类促衰老基因，敲低小鼠肝脏中的*Kat7*基因可使其寿命延长约25%。这一振奋人心的发现首次证实了通过调控单个促衰老基因的活性可能达到延缓机体衰老的目的，也为衰老相关疾病的基因治疗奠定了基础。

改善干细胞耗竭最直接的方式就是补充外源干细胞，因此，干细胞移植通常被认为是延缓衰老、防治衰老相关疾病的重要途径。然而，移植入体内的干细胞存留时间短、存活率低，成为干细胞移植发展的“瓶颈”。研究团队通过靶向编辑

长寿基因 *FOXO3* 的少数碱基，构建了世界首例遗传增强型人类干细胞及血管细胞，并证实这些细胞不但能高效地促进血管修复与再生，而且能有效抵抗细胞的致瘤性转化。遗传增强干细胞的成功建立为解决再生医学领域干细胞治疗的有效性和安全性提供了新的思路和理论基础，对于开发优质安全的人类干细胞移植材料具有借鉴意义。

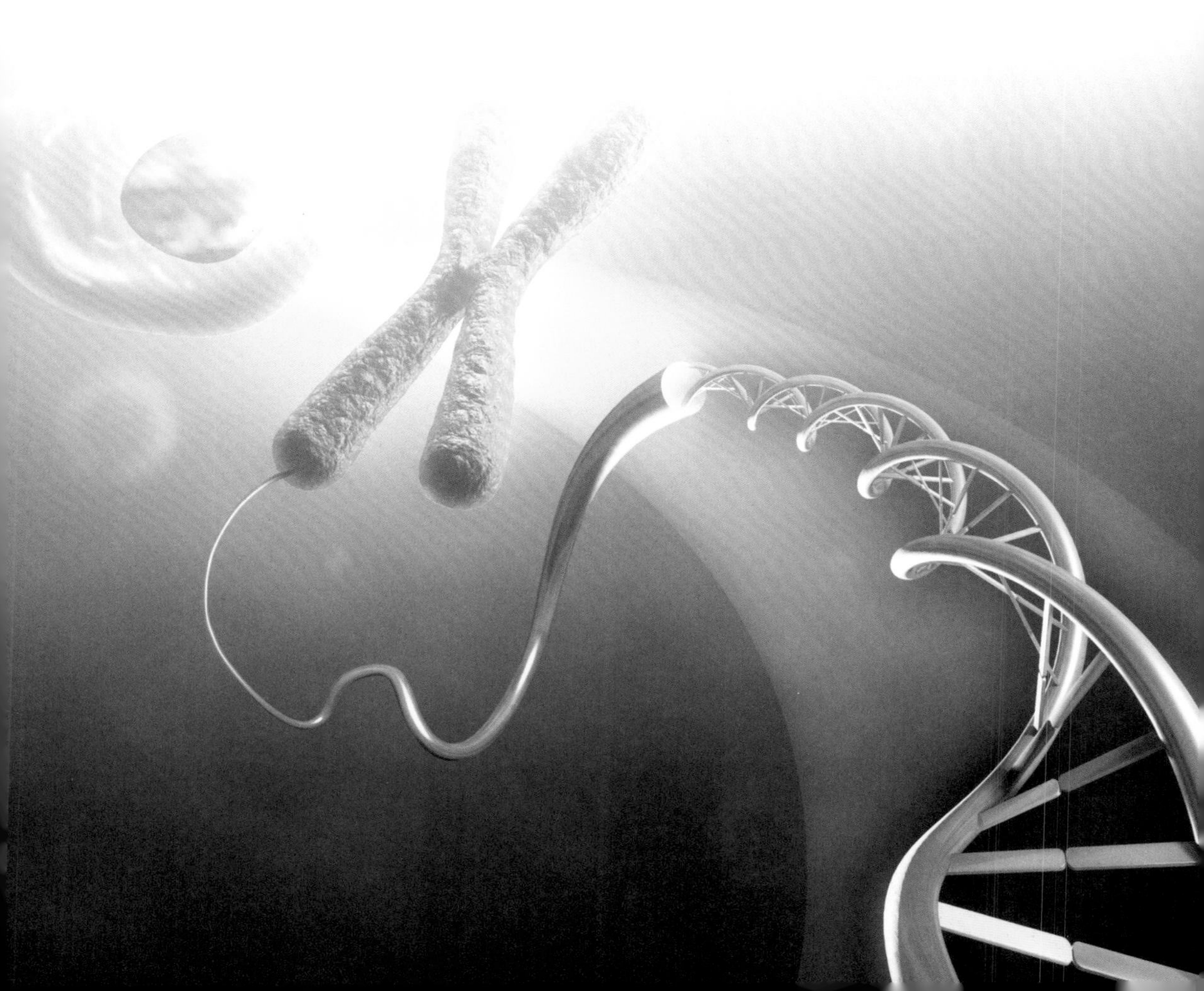

藏粮于技　万象“耕”新

2022 年 4 月 10 日，习近平总书记在海南省三亚市崖州湾种子实验室考察调研时强调：“种子是我国粮食安全的关键。只有用自己的手攥紧中国种子，才能端稳中国饭碗，才能实现粮食安全。种源要做到自主可控，种业科技就要自立自强。”

水稻是世界最主要的粮食作物之一，为全世界一半以上人口提供主粮。虽然中国在水稻育种领域已取得辉煌成就——

“杂交水稻”这张中国科技名片享誉海外，但为应对全人类面临的更加严峻的粮食挑战，我们仍然迫切需要开辟新的育种方向。快速驯化育种，就是有望对世界粮食生产带来颠覆性革命的新的可行策略。

迎难而上　勇创科技前沿

将野生植物驯化为栽培作物，需要一系列形态性状和生理特性的改变。就水稻而言，普通野生稻具有匍匐生长、散穗、极易落粒、带刺长芒、低产、抽穗不整齐等特点。经过驯化的现代栽培稻具有直立生长、不易落粒、紧穗、短芒或无芒、高

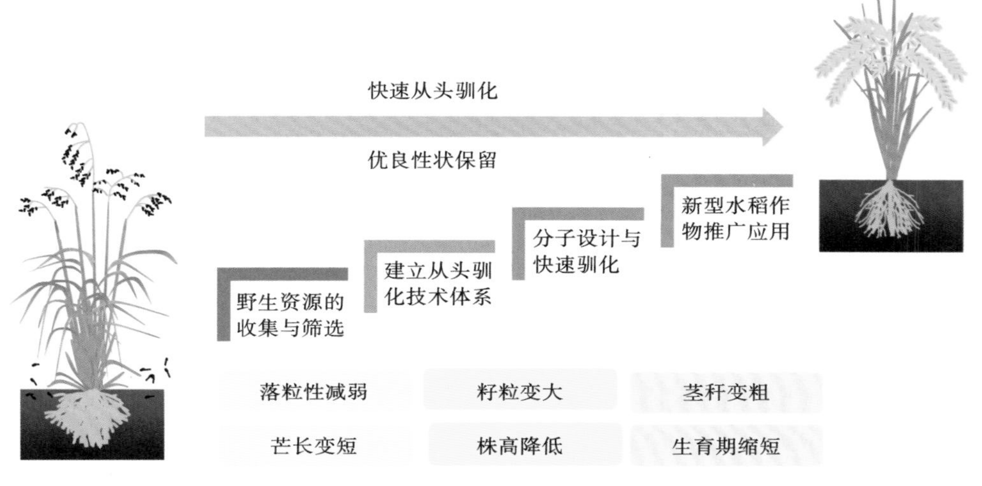

△ 野生稻驯化示意图

产、抽穗整齐等特点。从理论上而言，将多倍体野生稻驯化为栽培稻具有相似甚至相同的问题，需要明确决定这些关键性状的遗传基础；从技术上而言，多倍体野生稻的快速驯化具有野生资源选择、遗传背景解析、驯化性状与位点选择、遗传转化技术、基因组编辑技术等难题，可谓困难重重，一着不慎，满盘皆输。

面对这一重大科学问题和诸多技术难题，中国科学院遗传与发育生物学研究所植物基因组学国家重点实验室李家洋团队与合作者，设计并完成了异源四倍体野生稻快速从头驯化的框架图，包括野生资源的收集与筛选、建立从头驯化技术体系、分子设计与快速驯化和新型水稻作物推广应用四个阶段。

以异源四倍体野生稻快速从头驯化的策略为蓝图，李家洋团队与合作者首先确定具有最大生物量及最强胁迫抗性的目标材料，共收集 28 份异源四倍体野生稻资源，通过对组培再生能力、基因组杂合度及田间综合性状等进行系统考察，筛选出 1 份高秆野生稻资源，作为后续研究的基础，并将其命名为“多倍体水稻 1 号”（Polyploid Rice1，即 PPR1）。PPR1 的生物量极大，株高、穗长、叶宽分别可达 2.7 米、48 厘米、5 厘米，但它也具备稀穗、粒小、芒长等典型未经过驯化的特征。

研究团队通过持续攻关，先后突破异源四倍体野生稻快速从头驯化三大技术“瓶颈”。

技术“瓶颈”一：建立多倍体水稻高效的组培再生与遗传转化体系，在获得 PPR1 具有较好的组培再生能力的基础上，进一步优化体系，最终实现遗传转化效率达到 80% 以上，转化苗再生效率达到 40% 以上。

技术“瓶颈”二：建立高效精准的基因组编辑技术体系，成功实现基因敲除、单碱基替换两种基因组编辑类型，并构建

△ 在田间种植的异源四倍体野生稻

多基因编辑体系。

技术“瓶颈”三：建立高质量四倍体野生稻参考基因组，利用最新的测序技术及基因组组装策略，组装完成大小为栽培稻 2 倍左右的首个异源四倍体水稻参考基因组，共注释出 81421 个高可信度基因，并进一步系统分析了四倍体水稻的基因组特征。

在此基础上，李家洋团队又进一步在异源四倍体基因组中，注释了栽培稻中 10 个驯化基因及 113 个重要农艺性状基因的同源基因，系统分析其同源性，并对 PPR1 中控制落粒性、芒长、株高、粒长、茎秆粗度及生育期的同源基因进行基因编辑，最终成功创制出落粒性降低、芒长变短、株高降低、粒长变长、茎秆变粗、抽穗时间不同程度缩短的各种基因编辑源四倍体野生稻材料。

为缓解全球粮食危机贡献中国力量

四倍体野生稻从头驯化初步成功，不仅证明了通过快速从头驯化将异源四倍体野生稻培育成为未来主粮作物的可行性，而且也为通过从头驯化其他野生和半野生植物而创制新型作物提供了重要参考。更重要的是，华夏先民历经数千年驯化的二倍体栽培稻将有可能逐渐被快速从头驯化培育的新型粮食作物取代，至少是部分取代。快速驯化育种领域的革命性突破，有望使未来的作物驯化实现以十数年时间走完几千年的驯化之路。

随着世界人口的快速增长，到 2050 年，全球粮食产量需要再增加 50% 才能完全满足需求。水稻是世界最主要的粮食作物之一，为全球一半以上的人口提供主粮。我国在四倍体野生稻从头驯化领域取得的成功，不仅有助于保障国家粮食安全，更将为缓解全球粮食危机贡献中国力量。

“中国天眼”望向百亿光年之外

2016 年 9 月 25 日，500 米口径球面射电望远镜（FAST）在贵州平塘的喀斯特洼坑中落成，开始接收来自宇宙深处的电磁波。FAST 作为国之重器，是国家科教领导小组审议确定的国家九大科技基础设施之一。

FAST 被誉为“中国天眼”，是具有我国自主知识产权、世界最大单口径、最灵敏的射电望远镜，能够接收百亿光年以外的电磁信号。

▽星空下的“中国天眼”

“中国天眼”从 2021 年起向全世界科学家开放。现在，“中国天眼”成为全球唯一的，也是人类共同拥有的瞭望宇宙的巨目。

仰望星空　脚踏实地

宇宙演化、生命起源、物质结构、意识本质，是人类探索的永恒课题。“在万籁俱静的夜晚，当我们仰望天空时，仍不免会问：我们是谁？我们从哪里来？我们是否孤独？”这是南仁东早年在《来自太空的召唤》中写下的文字，应该也是这位未来“中国天眼”缔造者无数次凝望夜空时，在自己内心的发问。

△ 2015 年索网合龙时南仁东（右三）与工人合影

1993 年，国际无线电科学联盟大会召开，与会专家关于全球电信号环境恶化以及建设大型望远镜的讨论，让南仁东萌发了在中国建造超大口径射电望远镜的想法。他说:“别人都有自己的大设备，我们没有，我挺想试一试。”就是这句话，开启了“中国天眼”从预研究到落成启用 22 年的艰辛历程。

这个雄心勃勃的科学计划，从预研究开始，就伴随着来自各方的质疑和担忧：有对可行性的疑虑；有对风险的担忧；也有善意的规劝——搞大科学工程，风险大，耗时长，写不了文章，出不了成果，得不偿失。但南仁东义无反顾，踏上了这条注定充满艰辛的不平凡的探索之路。

在项目预研究阶段，经费有限，南仁东为节约经费，在市

△ 2010 年南仁东考察危岩

内办事从不打车，全靠自行车代步；去外地出差尽可能坐绿皮火车，在火车上过夜，下了火车就去办事，办完事当天乘火车返回，宁可自己奔波劳累，也要节省下交通、住宿费用。为了实现最佳建设目标，他在贵州喀斯特地貌地区跋山涉水，为未来的望远镜选址，甚至险些在选址途中发生意外。

当项目终于正式启动，面临的困难与挑战接踵而至：关键技术无先例可循，关键材料须自主攻关，核心技术遭遇封锁……南仁东和他所带领的团队硬是在重重困难中披荆斩棘闯出一条胜利之路。2016 年 9 月 25 日，具有我国自主知识产权的 500 米口径球面射电望远镜“中国天眼”落成启用。

习近平总书记发来贺信指出：

浩瀚星空，广袤苍穹，自古以来寄托着人类的科学憧憬。天文学是孕育重大原创发现的前沿科学，也是推动科技进步和创新的战略制高点。500 米口径球面射电望远镜被誉为“中国天眼”，是具有我国自主知识产权、世界最大单口径、最灵敏的射电望远镜。它的落成启用，对我国在科学前沿实现重大原创突破、加快创新驱动发展具有重要意义。

国外媒体如此报道这项重大科技事件：“中国的巨型射电望远镜，是其远大科学雄心的象征。”“中国终于进入了观天时代，它将持续领先世界 20 年。”

被寄予厚望的“中国天眼”不负所托，在调试阶段就陆续发现新脉冲星，运行以来已发现数百颗脉冲星，成为国际瞩目的宇宙观测利器。2020 年 12 月，在美国的大型射电望远镜坍塌后，中国宣布：“中国天眼”从 2021 年起向全世界科学家开放。现在，“中国天眼”成为全球唯一的，也是人类共同拥有的瞭望宇宙的巨目。

“中国天眼” 国之重器

被誉为“中国天眼”的 FAST 于 2016 年 9 月落成启用。它是由中国科学院国家天文台主导建设的、我国拥有自主知识产权的世界最大单口径射电望远镜。如今，它已经聆听到来自遥远宇宙中脉冲星婴儿心跳般的声音。

在建设过程中，以 FAST 工程首席科学家南仁东为首的科研团队逢山开路、遇水搭桥，从立项、选址到开挖，到第一个环梁结构搭建，再到铺上索网，团队从始至终坚持了 22 年，最后建成了这一世界上最大的 500 米单口径射电望远镜。FAST 究竟有多大呢？反射面口径有 30 个足球场大，由此也可以想象，我国科研团队建造它的难度有多大。

FAST 的反射面被形象地称为“天眼”的视网膜。解剖其结构可见 500 米口径的钢梁架在 50 根巨大的钢柱上，一张 6670 根钢索编织的索网挂在环梁上，上面铺着 4450 块反射

△ FAST 观测脉冲星示意图

面单元，下面装有 2225 根下拉索，固定在地面促动器上。通过这些促动器拽拉下拉索，就可以控制索网的形状，一会儿是球面，一会儿是抛物面，从而进行天文信号的收集和观测。

FAST 作为世界最大的单口径望远镜，将在未来 20 ~ 30 年保持世界一流地位。FAST 选择独一无二的贵州天然喀斯特洼地台址，应用主动反射面技术在地面改正球差，加之轻型索拖动馈源支撑将万吨平台降至几十吨，这三大自主创新优势，使其突破了望远镜的百米工程极限，开创了建造巨型射电望远镜的新模式。

“天眼”调试 让“眼珠”动起来

一般来说，巨型望远镜调试都会涉及天文、测量、控制、电子学、机械、结构等众多学科领域，是一项强交叉学科的应用性研究，因此国际上传统大射电望远镜的调试周期很少短于4年。FAST开创了建造巨型射电望远镜的新模式，其调试工作也更具挑战性。

△ 绿岸望远镜

FAST有两个主要系统，即反射面系统和馈源支撑系统。反射面系统的主要作用是精准地形成抛物面，这样才可以将天体发出来的平行光尽可能高效地汇聚到焦点上。馈源支撑系统要将接收机控制到焦点的位置，并保证接收机的正确姿态，以最大的效率收集抛物面汇集的电磁波信号。

FAST巨大的接收

面积注定了它有其他望远镜无法比拟的优势，即超高的灵敏度。与此同时，相对于其他望远镜而言，它的系统构成更加复杂。一般望远镜只有俯仰轴和自转轴两套驱动控制系统，而 FAST 仅反射面控制就需要 2200 多台促动器协同动作，并且索网把 2200 多台促动器连在一起，形成了一个复杂的耦合控制系统，可以说是“牵一发动全身”。任何一台促动器出现问题后的维修工作，都会影响 FAST 的有效观测时长。

为了提高整个系统对设备故障的容忍度，调试团队研发了一套非常有趣的主动安全评估系统，这个系统可以实时读取促动器的位置信息，并将其输入力学模型，实时地进行力学仿真计算。也就是说，索网怎么动作，计算机的索网模型就怎么动作，从而可以计算出所有索力并进行安全评估。

这是实时力学仿真技术在安全评估领域的首次成功应用。力学仿真相比于传感器可靠得多，它是数学工具，就像 1+1

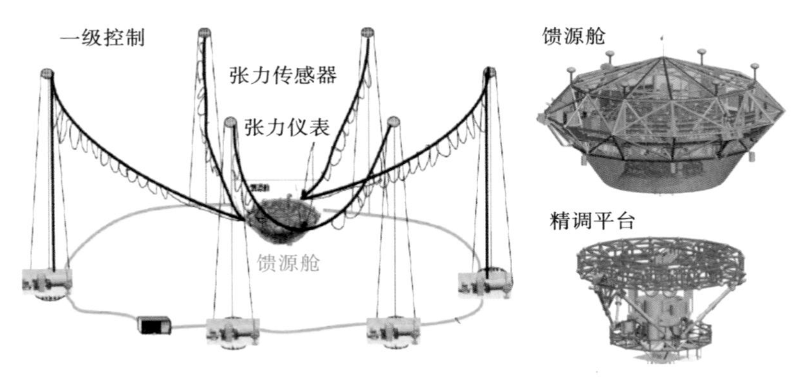

△ 馈源支撑控制系统原理图

永远会等于 2，简单可靠，非常适用于 FAST 这个复杂的控制系统。

馈源支撑系统也同样不简单。它的控制主要分两级。

第一级是通过 6 根几百米的绳子对 30 吨的馈源舱实现的概略控制，要在 140 米高空、200 多米的尺度范围内，把馈源舱定位精度控制在 48 毫米以内。

第二级是通过舱内的 AB 轴（万向轴）和 Stewart 平台实现接收机二级精确定位，对安装在馈源舱内的接收机相位中心进行二次精调，最终需要实现的控制精度要达到 10 毫米以内。同时，如果馈源舱在风、雨等动力载荷下产生晃动，二次精调平台还可以起到消振的作用。

尽管 FAST 做了 3 米、10 米、30 米和 50 米的模型试验，但是动力学试验很难实现完整的相似性。因此，不管调试团队做多少试验，都不能说明 600 米尺度下会不会有问题。

经过调试团队近半年的努力，发展的实时力学仿真技术大幅提升了望远镜对设备故障的容忍度，馈源支撑系统也实现了系统集成，最终于 2017 年 8 月 27 日第一次完成了反射面和馈源支撑的协同动作，首次实现了对特定目标的跟踪观测，并稳定地获取了目标源射电信号。这意味着天眼的“眼珠”可以转动了！

此后，“中国天眼”便可以克服地球的自转，对天体目标源进行跟踪观测。要知道，望远镜的灵敏度不仅与其接收面积有关，还与望远镜的跟踪时间有关。就像人的眼睛一样，只是

△ FAST 俯视图

扫视一下，我们只能看个大概的轮廓，如果想看清细节，就需要对着目标仔细地端详一段时间。其实，这也是 FAST 最重要的一个功能，只有能跟踪，“中国天眼”才能充分发挥它的最优性能。南仁东曾说过，不能跟踪就不能叫 FAST，可见他对望远镜跟踪功能的重视和期待！

相比于国际上现有的大型射电望远镜，FAST 是一架非传统的巨型射电望远镜，工作方式更加特殊，其调试工作也没有成熟的经验可供参考，而且系统构成更加复杂、安全风险大。FAST 团队能在短期内实现望远镜的全部功能性调试，完成了最困难、最有风险的调试环节，其进度已经超过国际一般惯例及同行预期。

精抠细节　擦亮“天眼”

望远镜的性能不只是其灵敏度、指向精度等硬性指标，还包括可靠性、稳定性等软性指标。简而言之，望远镜系统偶尔能达到最优性能和长期稳定地达到最优性能完全是两个概念，也是完全不同的难度系数。而 FAST 团队的目标是要做一台

△ 测量基准站的分布情况

性能优异、同时又让科学家觉得十分好用的望远镜，这个目标从一开始就没有动摇过。

望远镜性能的实现主要是控制精度的实现。FAST 直径 500 米，但要实现毫米级的多目标、大范围、高动态性能的控制精度，是前所未有的。FAST 精准的控制包含两个方面：一是控制反射面系统形成尽量完美的抛物面；二是控制馈源支撑系统使馈源接收机尽可能接近焦点位置，并保持正确的姿态。

精确的控制离不开精准的测量，反射面系统和馈源支撑系统均以激光全站仪作为测量手段。FAST 反射面内均匀地布设了 24 个测量基准站组成的基准网，第一步要做的，也是最关键的，就是精确测量 24 个基准站的绝对位置信息。

为了消除光路折射的影响，调试团队研发了一套双靶互瞄模式的对向观测技术，较准确地估计折光的影响并进行修正。

为了克服温度、湿度等自然难题，科研团队研发了一套基准网的自动化监测系统，把基准网测量周期由至少半个月缩短至 10 分钟以内，这样就可以克服温度、湿度及基墩变形周期的限制，最终将望远镜测量基准网的精度提升至 1 毫米以内。

随着调试工作的精雕细琢、测量精度的不断提升，望远镜的性能得到明显改善。“中国天眼”的视力越来越好，从而大幅提升望远镜的巡天效率，观测时将会获得射电源更精确的定位图像，发现更多的脉冲星，并能观测宇宙中不同距离不同方

△ 多波束（“中国天眼”的瞳孔）安装现场

向的中性氢 1.4 吉赫谱线，以更好地探索宇宙历史，甚至搜寻可能存在的外星文明。

初心不改　未来可期

截至 2024 年 4 月，FAST 已发现 900 余颗脉冲星。科研团队在 FAST 上安装多波束接收机后，未来可做多科学目标同时巡天，即在一次扫描中，同时获取脉冲星、天体谱线、快速射电暴等数据进行分析。这一独创的技术与方法，有助于我们发现更多奇异种类的脉冲星，例如，脉冲星黑洞双星系统，使人类有可能在更加极端的引力条件下，检验爱因斯坦相对论，同时使人类有可能第一次精确测量到黑洞的质量。

“中国天眼”已成为我国当之无愧的国之重器，未来还将开展巡视宇宙中的中性氢、研究宇宙大尺度物理学、主导国际低频甚长基线干涉测量网、获得天体超精细结构、探测星际分子、搜索可能的星际通信信号等工作。

“为下一代科学家建一台好用的望远镜”，这是以南仁东为代表的 FAST 科研团队不变的初心。为了实现这个美好的愿景，FAST 还有很长的路要走。

绿水
青山

绿色是大自然的本色，也是发展中的一抹暖色。习近平总书记站在人类文明永续发展的战略高度，多次就深入推进资源保护与治理、能源革命做出重要指示："绿水青山就是金山银山。""保护生态环境就是保护生产力，改善生态环境就是发展生产力。""统筹山水林田湖草沙系统治理。""能源的饭碗必须端在自己手里。""要深入推动能源革命，促进能源消费、供给、技术、体制改革，加强国际合作，加快建设能源强国。"我国做出实现碳达峰、碳中和的庄严承诺："中国将提高国家自主贡献力度，采取更加有力的政策和措施，二氧化碳排放力争于 2030 年前达到峰值，努力争取 2060 年前实现碳中和。"

党的十八大以来，我国在生态保护和建设方面取得重大成效，生态功能较强的林地、草地、湿地、河流水面、湖泊等地类合计净增加 17 万千米^2。"十三五"期间，中央财政投入 500 亿元在祁连山等地区开展了 25 个山水林田湖草沙一体化保护修复重大工程，全国完成造林 36.33 万千米^2，退耕还林 3.63 万千米^2，草原综合植被盖度提高至 56.1%，治理沙化土地 10 万千米^2。

中国推进绿色发展离不开清洁能源的大规模使用以及能源利用效率的提高。进入新时代，我国绿色低碳转型发展取得重要进展。2023 年，我国可再生能源装机规模突破 14 亿千瓦大关，占全国发电总装机比重超过 50%，天然气、水电、核电、风电、太阳能发电等清洁能源消费量占能源消费总量比重为 26.4%。

建设美丽中国的路上，“绿水青山就是金山银山”的理念不断在实践中得到验证。通过实施生态扶贫，中国已带动300多万贫困人口脱贫增收。经过30多年的科学治理，曾经的“死亡之海”库布其沙漠已长出6000多千米^{2}绿洲，带动沙区超过10万名群众脱贫，彰显治沙与治穷共赢的中国特色荒漠化防治之路的有效性。

拥有14亿人口的中国大力推进生态文明建设，其影响无疑是世界性的。从推动达成并积极落实气候变化《巴黎协定》到推动二十国集团发表首份气候变化问题主席声明，从倡议共建“绿色丝绸之路”到设立气候变化南南合作基金，从提前完成2020年气候行动目标到积极推进“2020年后全球生物多样性框架”，中国绿色版图的持续拓展，为建设全球生态文明做出了重要贡献。

“山积而高，泽积而长。”进入新发展阶段，中国将继续坚定不移贯彻新发展理念，坚持生态优先、绿色发展，为打造青山常在、绿水长流、空气常新的美丽中国而努力。中国将继续为推动全球生态治理、建设全球生态文明发挥重要作用，为保护人类赖以生存的地球家园贡献自己的力量。

“南水北调”绘就绿色生态画卷

“南水北调”工程是我国实施的一项战略性水利工程，分东、中、西三条线路，工程规划的干线总长度达 4350 千米，规划区涉及人口 4.38 亿人，年调水规模 448 亿米 ^{3}。

截至 2024 年 3 月，南水北调东、中线一期主体工程建成通水，已累计调水超 700 亿米 ^{3}，受益人口超 1.76 亿人。这项我国最大的水利工程，被誉为新时代的“人间天河”。

▽中线工程美景

△ 中线美景

跨流域调水工程

“南水北调”工程是缓解我国北方水资源短缺的战略性基础设施，分东、中、西三条线路进行规划，东线工程起点位于江苏扬州江都水利枢纽，供水区域涉及江苏、山东、安徽、河北、天津 5 个省（市）；中线工程起点位于汉江中上游丹江口水库，供水区域为河南、河北、北京、天津 4 个省（市）；西线工程的供水目标主要是解决青海、甘肃、宁夏、内蒙古、陕西、山西 6 省（区）的缺水问题。

目前实施完成的是东、中线一期工程。东线一期工程调水主干线全长 1466.5 千米，其主要任务是从长江下游调水到山东半岛和鲁北地区，补充山东、江苏、安徽等输水沿线地区的城市生活、工业和环境用水，兼顾农业、航运和其他用水，多年平均抽江水量为 87.66 亿米^3。中线一期工程输水干线全长 1432.49 千米，其中总干渠（含北京段）1277.21 千米，天津干渠 155.28 千米。其主要任务是向华北平原包括北京、天津在内的 19 个大中城市及 100 多个县（市）提供生活、工业用水，兼顾生态和农业用水，多年平均年调水量为 95 亿米^3。

世界上最大的调水工程

“南水北调”工程是迄今为止世界上最大的调水工程、兼有公益性和经营性的超大型项目集群，工程建设和管理技术难度大，不仅涉及一般水利工程的水库、大坝、渠道、水闸，低扬程、大流量泵站，超长、超大洞径输水隧洞，压力输水管道，超大型渡槽、倒虹吸、暗涵（渠）、预应力钢筒混凝土管（PCCP）等，还涉及膨胀土渠段处理，超大型水泵站和输水隧洞设计施工，超长距离调水，无调蓄条件下多闸门联合调度，新老混凝土结合的重力坝加高，多层交叉负荷地下地上施工，复杂情况下的调度系统信息处理等，在设计、建设、运行等方面，面临诸多挑战，许多硬技术和软科学都是世界级的，是水利学科与多个边缘学科联合研究的前沿领域。

“南水北调”工程创造了许多世界和国内之最：世界距离

△ 丹江口大坝

最长的调水工程，受益人口最多的调水工程；东线泵站群工程是世界上规模最大的泵站群；中线北京段西四环暗涵工程是世界首次大管径输水隧洞近距离穿越地铁下部；中线湍河渡槽工程是世界规模最大的 U 型输水渡槽工程。

科技突破　成果斐然

“南水北调”工程科技工作取得了新产品、新材料、新工艺、新装置、计算机软件等大量科技成果，完成了“南水北调”专用技术标准 21 项（如丹江口水利枢纽混凝土坝加高施工技术规定与质量标准、渠道混凝土衬砌机械化施工技术规程、渠道混凝土衬砌机械化施工质量评定验收标准等），申请并获得国内

△架设中的中线沙河渡槽

专利上百项（如重力坝加高后新老混凝土结合面防裂方法、长斜坡振动滑模成型机、电动滚筒混凝土衬砌机、电化学沉积方法修复混凝土裂缝的装置等），大部分科研成果已应用到工程设计与施工中，对工程质量和进度起到了保障作用。

数十项科技研究成果获得了国家与省部级科技奖，如大型渠道混凝土机械化衬砌成型技术与设备获得国家科技进步奖二等奖；低扬程水泵选型关键技术及应用研究获水利部大禹水利科学技术奖二等奖；淮安四站泵送混凝土防裂方法研究与应用获水利部大禹水利科学技术奖三等奖；PCCP 输水阻力试验研究获水利部大禹水利科学技术奖三等奖；中线一期工程长距离调配与运行获教育部科技进步奖一等奖等。

为适应黄河游荡性河流与淤土地基条件的特点，“南水北调”中线穿黄工程开创性地设计了具有内外两层衬砌的两条长

4250 米的隧洞，内径 7 米，外层为厚 0.4 米拼装式管片结构衬砌，内层为厚 0.45 米钢筋混凝土预应力衬砌，两层衬砌之间采用透水垫层隔开，内外衬砌分别承受内外水的压力。这种结构形式在国内外均属先例，也是国内首例用盾构方式穿越黄河的工程。中线穿黄双线隧洞全线贯通，开创了我国水利水电工程水底隧洞长距离软土施工新纪录。

东线一期工程和中线一期工程分别于 2013 年 12 月和 2014 年 12 月正式通水，目前已成为京津冀豫鲁地区受水区大中型城市的供水“生命线”，不仅保障了北方人民饮水安全，还从根本上改变了北方受水区的供水格局。受水区水质、饮用口感大为改善。“南水北调”工程被誉为新时代的“人间天河”，工程在很大程度上提高北方地区的水资源承载能力，遏制并改善日益恶化的生态环境，对保障北方地区经济社会的可持续发展、促进生态文明建设和美丽中国目标的实现，具有十分重大的意义。

▽中线穿黄工程

三峡工程
驱动中国水电实现全球引领

1994 年，举世瞩目的三峡工程正式开工。2003 年，三峡大坝全线挡水，三峡电站首批机组投产发电，三峡船闸投入运行。2008 年，三峡工程开始 175 米水位试验性蓄水。通过科学调度、精益运行、精心维护，三峡电站年发电量突破 988 亿千瓦时，刷新单座电站年发电量世界纪录。截至 2023 年 7 月，

▽三峡大坝

三峡电站发电量累计超过 1.6 万亿千瓦时，三峡船闸通过 100 万艘次船舶、19.36 亿吨货物，水资源综合利用效率得到进一步提高。

通过三峡工程、溪洛渡、向家坝、白鹤滩、乌东德等一系列世界级水电站的建设和运营，中国水电行业攻克了一系列关键技术难题，实现了全领域、全过程自主创新，形成了全球领先的水力发电成套技术和综合运营管理能力。

大坝工程智能建造

在三峡工程引入三峡工程管理系统（TGPMS）信息系统筑坝的成功经验基础上，溪洛渡、乌东德等水电站建设进一步提出了“感知、分析、控制”的工程智能建造闭环控制理论，创建了大坝全景信息模型 DIM，实现了现代信息技术与工程建设技术的深度融合。通过研发应用协同管理平台 iDam，构建多要素、多维动态耦合分析模型，通过仿真分析、动态预测实体工程工作状态，达到工程全生命期性态可知可控；研发了成套智能装备和系统，实现了施工全过程“在线采集、动态分析、智能操作、预警预控”，为工程全生命期运维奠定坚实基础。大坝工程智能建造是工程建设技术、项目管理技术与现代信息技术深度融合的创新成果，实现了工程全生命期、全资源要素、全工艺流程、全建设过程的智能化管控，将大坝工程建设由传统模式向智能建设模式推进。依托智能建造技术建设的溪洛渡水电站，荣获素有“国际工程咨询领域诺贝尔奖”之称的菲迪克 2016 年工程项目杰出奖，成为当届全球 21 个获奖项目中唯一的水电项目。

巨型水电机组自主创新

以三峡工程的成功经验为基础，联合相关制造企业通过技术引进消化吸收再创新、集成创新与原始创新，构建产学研用相结合的技术创新体系，我国在高水头、大容量水电机组关键

▽三峡电站机组

技术方面取得重大突破，形成世界领先的核心技术。通过三峡工程建设，我国具备了700兆瓦水电机组自主设计、制造和安装能力，我国水电装备制造业用7年时间实现了近30年的跨越式发展。溪洛渡、向家坝水电站在此基础上自主创新，实现了单机容量800兆瓦级水电机组的自主设计、制造和安装，以及配套设备和原材料的国产化。科研团队针对乌东德、白鹤滩水电站进一步开展1000兆瓦水电机组科研攻关，历时10年取得丰硕成果，机组技术性能和可靠性指标达到了国际领先水平，中国企业具备了自主设计制造1000兆瓦水电机组的能力。

通过长江上游千万千瓦级梯级电站建设，中国水电装备在新技术、新材料、新工艺、新装备等方面升级换代，用20年时间走过了发达国家100年的发展历程，实现了三峡工程700兆瓦机组技术追赶、向家坝800兆瓦机组整体超越、白鹤滩1000兆瓦机组全面引领的三大跨越。中国水电装备已成为全球水电行业的响亮品牌，在服务“一带一路”建设、中国水电“走出去”进程中发挥着引领作用，产生了巨大的综合效益。

垂直升船机建造

三峡垂直升船机是三峡水利枢纽永久通航设施之一，其主要功能是为客轮、货轮提供快速过坝通道，并与双线五级船闸

△ 游轮在升船机的承船厢中缓缓下降

联合运行，提高枢纽的航运通过能力。三峡升船机设计通航船舶为 3000 吨，提升高度 113 米，提升重量 15500 吨，上 / 下游通航水位变幅分别为 30 米 /11.8 米，是目前世界上过船规模、提升高度、提升重量、通航水位变幅最大，综合技术难度最高的垂直升船机。三峡垂直升船机采用了“齿轮齿条爬升、长螺母柱 - 短螺杆安全保障机构、全平衡一级垂直升船机”的技术方案，确保在承船厢水漏空、地震等极端工况下，也不会发生承船厢坠落事故。通过引进消化吸收再创新，不断提升设计水平、制造技术、施工工艺和管理方法，攻克了齿条螺母柱等关键设备研制、大型超高钢筋混凝土塔柱结构施工、齿条螺母柱和船厢及其设备安装，以及升船机自动控制系统集成与调试等一系列技术难题，创造了168米高钢筋混凝土塔柱结构施工无裂缝、125米齿条螺母柱安装垂直度小于3毫米、承船厢全行程全天候运行无卡阻、四个驱动点高程同步偏差小于2毫米的建设奇迹。三峡垂直升船机的建设，推动了我国重型机械制造业在冶炼、铸造、热处理、机加工、检测等技术领域的发展与创新，形成了一系列工艺、工法和技术标准，填补了我国巨型齿轮齿条爬式垂直升船机建造技术标准空白，标志着我国已掌握超大型升船机建设技术，齿条螺母柱、承船厢及其设备等大型部件制造达到国际领先水平，实现了从“中国制造”到“中国创造”的飞跃。

流域梯级水库群联合智慧调度

长江干流溪洛渡、向家坝、三峡、葛洲坝梯级巨型水库群实行联合智慧调度和运行管理，其调节库容295.93亿米^3，防洪库容277.03亿米^3，约分别占长江上游主要水库库容的52%和76%，在长江流域综合管理中发挥着核心作用。

十余年来，溪洛渡—葛洲坝流域建立了一套集水雨情信息采集处理、水文气象预报制作、梯级水库联合调度方案编制、联合调度成果展示的智慧调度决策支持体系。建设了国内水电企业规模最大、功能最齐全的流域水雨情遥测系统，自建或共建共享的遥测、报汛站近1000个，控制长江上游流域面积约

58 万千米 ^{2}，实现了对流域内水雨情和水库信息的快速收集、存储和处理；建立了一套完备的气象水文预报系统，流域水文气象预报预见期长达 7 天，24 小时流量预报精度超过 98%，在国内同行业处于领先水平；建设了以地面光传输网通信为主和天上卫星通信为辅的信息高速公路，研发了流域梯级新一代智能水调自动化系统和巨型机组电站群远方“调控一体化”自动控制系统，梯级电站水能利用提高率超过 4%，形成了长江流域水资源联合智慧调度运行核心能力，有力促进了长江“黄金水道”产生“黄金效益”。

生态调度成效显著

在水电开发过程中，相关企业积极开展三峡—金沙江下游梯级水库群多功能生态调度研究，持续开展抗旱补水调度、汛期沙峰调度、库尾泥沙减淤调度、长江口压咸应急调度和促进鱼类自然繁殖的调度试验，发挥了三峡水库等作为巨大淡水资源库的重要作用，进一步拓展了长江流域梯级水库群的生态效益。

“西电东送”跨越千里输送清洁水电

“西电东送”就是把煤炭、水能资源丰富的西部省区的能源转化成电能，输送到电力紧缺的东部沿海地区。这一工程的实施，对于合理配置资源、优化能源结构、促进经济社会可持续发展具有重要意义。

▽白鹤滩水电站大坝

“西电东送”中部通道的标志性工程——白鹤滩水电站全面投产，作为一项重要成就，出现在习近平总书记 2023 年新年贺词中。白鹤滩水电站与葛洲坝、三峡、向家坝、溪洛渡、乌东德等水电站，共同构建起长江流域巨型梯级水电站体系，使长江流域成为世界最大的清洁能源走廊。

不畏艰难勇创新

在白鹤滩大坝的建基面，分布了大量柱状节理玄武岩。前期勘探时，专家们已经预测到这一地质构成不可避免，为了排除可能出现的重大地质隐患、选定最优坝址，经过近 50 年艰苦审慎的勘探、研究、比选，在悬崖峭壁上凿洞，在湍急河水中打孔，仅枢纽区河床钻孔就长达 20 万米，再综合考虑库区移民安置、环保、蓄水、拦沙等多重因素，最终才确定现有坝址并做好相应准备。开挖至一定程度后，发现坝基柱状节理玄武岩占比高达 40% 左右，无疑是世界级难题。

建设者们花了将近一年的时间研究对策。在大量实验研究、仪器监测分析后，进一步掌握了岩石分布情况和松散规律，决定提前采取预锚固、预灌浆等措施加固，并且尽量减少扰动。

白鹤滩坝顶弧长709米，拱坝厚度63米，扩大基础厚度93米，坝高289米，全面采用我国自主研制的新型低热水泥——低温硅酸盐水泥混凝土，总量逾800万米^3，保证大坝质量优良。

2017年4月12日，白鹤滩水电站大坝主体开始混凝土浇筑。2021年5月31日，白鹤滩水电站工程大坝全线浇筑到顶。这座300米级特高混凝土双曲拱坝，攻克了坝基柱状节理玄武岩等世界级难题，矗立于滔滔江水之中，承受世界级水推力而岿然不动，创造了世界坝工史上的奇迹。

守正出新辟蹊径

2021年6月28日，白鹤滩水电站全球首批百万千瓦水轮发电机组安全准点投产发电。全球单机容量最大功率百万千瓦水轮发电机组的投产，标志着我国高端技术装备研制的重大突破。百万千瓦机组是里程碑式的跨越，完成了中国水电技术装备从“跟跑”到“并跑”直至“领跑”的最后一程。

技术进步的一个显著特征是产品迭代升级。国产水轮发电机组自中华人民共和国成立后得以快速发展，但仍与世界先进技术存在较大差距，到20世纪90年代中期，国内企业只有制造30万千瓦水轮机组的能力，而彼时开始建设的三峡工程将使用先进的 70 万千瓦水轮发电机组。在经历了引进、消化吸收、再创新的全部过程后，三峡右岸的国产化机组研制取得突破性进展，中国水电技术装备开始从“跟跑”转向“并跑”。

在白鹤滩建水电站的设想始于 20 世纪 50 年代。当时，在研讨白鹤滩水电站机组单机容量的时候，为稳妥起见，有专家提出采用 2 台 100 万千瓦机组，其余机组采用 80 万千瓦的

△ 白鹤滩水电站机组

方案，但最终决定 16 台机组全部用国产百万千瓦水轮发电机组。

首先，能力具备。在水电机组制造上，对于三峡集团以及与其在高端水电技术装备制造方面常年合作的伙伴来说，采用单机容量 100 万千瓦的水电机组，已经具备条件。

其次，客观要求。白鹤滩两岸均为厚重的山体，复杂地质条件已带来一系列世界级难题。在枢纽建筑工程布置上，单机容量越大，机组台数就越少，地下洞室群、地下厂房的规模将更趋合理，稳定性、安全性也会更好。同时，在工程开挖量上，机组数量对应进水口数量，如果选择较小容量的机组，进水口沿线的明挖量陡增，会增加危险系数。

最后，资源禀赋。金沙江干流落差大，水流湍急，白鹤滩是高坝大库，水头高达 200 多米，从水能利用率来看，可以满足 1600 万千瓦的总装机容量。

而最重要的一条是，中国现代化经济社会发展需要与之相适应的大规模清洁电能的支撑，白鹤滩水电站是国家重大工程，是“西电东送”骨干电源点，要满足远景发展电力需要。

但是，研制百万千瓦机组绝不是简单的尺寸放大，对总体技术、水力、电磁设计，24/26 千伏线棒、通风冷却、推力轴承、结构钢强度、制造加工、原材料选用等关键技术，都须层层攻关。进入世界水电“无人区”之后，向前攀登的每一步，都需要巨大勇气和无穷智慧。

白鹤滩水电站全面投产发电后，长江干流 6 座水电站总装机容量达到 7169.5 万千瓦，年平均发电量约 3000 亿千瓦时。这条清洁能源走廊输出的清洁能源，将产生巨大的生态、社会、经济等综合效益，铸就中国水电“新名片”。

数生万物

数字技术是世界科技革命和产业变革的先导力量，发展数字经济是抓住先机、抢占未来发展制高点的必然选择。

党的十八大以来，习近平总书记多次强调要发展数字经济：2017 年在十九届中央政治局第二次集体学习时强调要加快建设数字中国，构建以数据为关键要素的数字经济，推动实体经济和数字经济融合发展；2018 年在中央经济工作会议上强调要加快 5G、人工智能、工业互联网等新型基础设施建设；2021 年在致世界互联网大会乌镇峰会的贺信中指出，要激发数字经济活力，增强数字政府效能，优化数字社会环境，构建数字合作格局，筑牢数字安全屏障，让数字文明造福各国人民。

我国已建成全球规模最大、技术领先的网络基础设施。2023 年我国数字经济规模达 56.1 万亿元，总量稳居世界第二，占 GDP 比重提升至 44% 左右，数字经济成为稳增长促转型的重要引擎。与此同时，信息基础设施建设不断加快，截至 2023 年年底，累计建成 5G 基站 337.7 万个、具备千兆网络服务能力的端口数超过 2302 万个、IPv6“高速公路”全面建成、全国一体化大数据中心体系基本构建。

“东数东算”“西数西算”“东数西算”协同推进，共同构成面向实际业务场景的算力服务体系；“天河三号”超级计算机实现了在世界超算领域的多项“领跑”，数字中国建设的底座不断夯实。

当前，数字技术日益融入经济社会发展各领域，深刻改变着生产方式、生活方式和社会治理方式。放眼今天中国，网络购物、移动支付、云服务等新业态新模式竞相涌现，成为新的经济增长点；在工厂车间，人工智能高效协调任务、管控过程，大幅提高生产效率；走进茶园，数字化管理系统实时提示着茶园的光照度、风向、风速等信息，为管护工作提供信息支撑；借助政务服务平台，“数据跑路”代替了“群众跑腿”，市民足不出户就可以享受一系列便捷服务……数字经济大潮澎湃，数字赋能千行百业，为经济社会高质量发展注入强大动能。

党的二十大报告明确提出加快建设网络强国、数字中国。《数字中国建设整体布局规划》明确“到 2025 年，基本形成横向打通、纵向贯通、协调有力的一体化推进格局，数字中国建设取得重要进展”“到 2035 年，数字化发展水平进入世界前列，数字中国建设取得重大成就”的发展目标。建设数字中国是数字时代推进中国式现代化的重要引擎，是构筑国家竞争新优势的有力支撑。新起点上，全面提升数字中国建设的整体性、系统性、协同性，夯实数字基础设施和数据资源体系“两大基础”，全面赋能经济社会发展，才能最大限度释放数字技术对经济发展的放大、叠加、倍增作用，以数字中国建设推动高质量发展取得突破。

如今，我国数据产量和算力总规模都稳居世界第二。充分发挥我国海量数据和巨大市场应用规模优势，加快数字中国建设，推动各领域数字化优化升级，就一定能以信息化培育新动能，用新动能推动新发展，以新发展创造新辉煌。

天地一体智能化网络空间搭建“万物智联”

党的二十大报告提出，要加快建设网络强国、数字中国，同时，部署加快发展数字经济、打造具有国际竞争力的数字产业集群，优化基础设施布局、构建现代化基础设施体系等一系列重大任务。建设数字中国是构筑国家竞争新优势的重要引擎，是发挥信息化驱动引领作用、推进中国式现代化的必然选择。实现数字中国建设的宏伟目标和美好愿景需要以强大的数字基础设施底座支撑，智能融合拓展现有各类异构互联网络，

统筹管理配置各类信息资源和要素，群智赋能决策，实现信息基础设施的全面打通、智能升级、融合创新，推动数字中国建设加速发展。天地一体智能化网络空间是支撑万物智能互联的重要基础，也是对现有网络的智能化迭代升级演进，有助于推动形成国家网络空间新格局，代表着网络空间创新发展的前进方向。

天地一体智能化网络空间
赋能智慧社会

2018 年 4 月，在首届数字中国建设峰会上，中国电子科技集团展示了天地一体化信息网络项目首个重大成果“地面信息港”，展现了该项目服务数字经济建设的“冰山一角”。

天地一体化信息网络项目由中国电子科技集团提出并牵头论证实施，是实现“国家利益到哪里，信息网络覆盖到哪里”的战略性基础设施。该项目按照“天基组网，地网跨代，天地互联”思路，以地面网络为基础、空间网络为延伸，覆盖太空、空中、陆地、海洋，为天基、陆基、海基各类用户活动提供信息保障。

2024 年 2 月，搭载中国移动星载基站和核心网设备的两颗“天地一体”低轨试验卫星成功发射入轨。其中，“中国移动01星”搭载支持5G“天地一体”演进技术的星载基站；“‘星核’验证星”搭载采用6G理念设计，具备在轨业务能力的核心网系统，是业界领先的6G架构验证卫星。此举，成为中国移动推进“天地一体”网络发展的一次重要突破。

“中国移动01星”搭载的星载基站采用轻量化、国产化、绿色化的硬件设计理念与高实时、高灵活、高可靠的软件设计思想，可验证5G“天地一体”演进技术；“‘星核’验证星”搭载面向6G分布式自治架构的星载核心网“星核”系统，由中国移动联合中国科学院微小卫星创新研究院共同研发。双星发射入轨，是中国移动又一里程碑式成果。

低轨卫星具有时延低、数据传输速率大等明显优势，将是承载未来“天地一体”网络的重要平台。卫星网络与地面移动系统协同，可弥补地面移动网络覆盖不足的问题，为用户提供更高带宽的卫星互联网服务。

天地一体智能化网络空间的典型特征是“泛在智联、系统集成、智慧服务”，即在现有网络智能化改造的基础上，实现天地一体覆盖的万物智联，将感知系统、时空系统、服务系统等构成一个统一的网络空间，融合感知、传输、存储、计算、决策、控制等要素于一体，实现对各类信息资源和信息要素的智能管理和配置，并通过网络的智能认知和群智赋能，提供由数据到知识再到智慧的新模式新业态，最终为用户提供更加个性化的高效服务。

多措并举发展天地通信技术

2018 年 5 月，我国在西昌卫星发射中心成功将探月工程“嫦娥四号”任务“鹊桥号”中继星发射升空，这是世界首颗运行于地月拉格朗日 L_2 点的通信卫星，任务是为“嫦娥四号”月球背面软着陆探测任务提供地月间的中继通信。2018 年上半年，我国全面启动了“鸿雁星座”工程建设，该项目由 300 余颗低轨道小卫星及全球数据业务处理中心组成，可实现全天候、全时段以及在复杂地形条件下的实时双向通信，为用户提供全球无缝覆盖的数据通信和综合信息服务。“鸿雁星座”有能力在 5G 物联网、移动广播、导航天基增强等场景中，提供移动通信保障与宽带通信服务。

我国发展天地通信，推动了相关产业的快速发展，促进了自主卫星定位、卫星通信技术的产业化应用，加快了空间技术与其他信息技术的融合发展。

我国发展天地一体化网络建设，实现天地通信，具有重大意义。一是有利于我国抢占国际高科技制高点，为开发太空资源和实现深空探测打下良好基础，也有助于在边远山区、荒漠和海洋等区域生产活动的顺利展开；二是实现应急通信，可以在地震、水灾等破坏地面通信的情况下快速恢复通信，有助于提升救援效率；三是可以有效解决飞机和高铁等交通工具的上网问题，改善用户的上网体验。

加快推进
天地一体智能化网络空间构建

加强顶层规划设计，统筹推进体系建设。天地一体智能化网络空间包含电子、通信、网络、智能、安全等多个不同领域，体系构建复杂性较高，须兼顾科技研究布局与产业发展双轮驱动。一是做好整体设计规划，发挥我国新型举国体制优势，按照“体系规划、协同推进”的理念，制定科学、可行、稳定的技术发展路线；二是加强政策和法规的协同制定，明确发展目标、原则和规范，涵盖网络安全、数据隐私保护、信息共享等方面，为天地一体智能化网络空间的建设提供坚实的政策保障；三是加强人才队伍建设，加大跨学科人才培养，打造一批具备专业知识和技能的人才队伍，为数字中国建设提供高素质人才支持。

加快关键核心技术攻关，抢占技术发展制高点。一是聚焦天地一体智能化网络空间在关键技术研究、多场景应用、融合服务体系探索等方面的关键问题，重点攻关人工智能、网络安全、卫星互联网、下一代网络、新一代 PNT（定位、导航、授时）系统、海洋信息网络等前沿技术；二是积极参与国际标准的制定和推广，推动天地一体智能化网络空间的技术标准化和规范化；三是制定行业标准，加强技术交流与合作，促进技术的互操作性和共享性，形成具有自主知识产权的天地一体智能化网络空间体系标准规范。

开展典型示范应用，引导天地一体智能化网络体系加快发展。天地一体智能化网络空间是一个创新的网络空间体系架构，依托新兴产业和重点领域先行先试，有利于减少行业阻力，推动体系更快发展。应在数字经济、数字政务、数字文化、数字社会、数字生态文明等领域，选择较成熟的方向开展典型示范应用，搭建天地一体智能化网络空间典型示范应用环境，开展关键技术验证和典型应用示范，推动技术融合、业务融合、数据融合，引领其他领域对天地一体智能化网络空间的认知和应用，实现天地一体智能化网络空间向制造业、服务业、农业等产业数字化赋能。

超级计算刷新中国速度

超级计算是计算机界“皇冠上的明珠”，在科研、气象预报等领域都有着广泛的应用，被视为“国之重器”、科技突破的“发动机”。从 1983 年我国第一台每秒运算 1 亿次以上的“银河一号”巨型计算机的研制成功，到“曙光”系列、“天河”系列、“神威”系列的相继问世，我国成为世界上第

▽“神威 · 太湖之光”超级计算机

三个具备研制高端计算机系统能力的国家。从零到一、从无到有、从跟随到超越，中国超算一步步成长，向着超算强国迈进。

从“受制于人”到“自主可控”

中国的计算机事业起步不算太晚。1958 年，中国就有了第一台通用数字电子计算机。到了 20 世纪 70 年代，天气预报、模拟风洞、地震计算、航空航天设计等各领域的需求都指向了高性能计算机，但当时最强的计算机产自美国。1976 年，美国克雷公司推出了世界上首台运算速度达到每秒 2.5 亿次的超级计算机。

超级计算机可以用于模拟核试验，可以处理卫星图片，也可以用于解密码。在飞行器设计中它至关重要，因为很多情况不能实测，只能计算模拟，所以美国对出口超级计算机十分谨慎。

在中国超级计算的发展历史上，20 世纪 80 年代的一件事经常被人提起。当时，中国石油工业部物探局重金购买了一台 IBM 大型机，但机器要放在不得随便入内的玻璃房子里，美方对其进行 24 小时监控，监控日志要定期交美国审查，计算机的启动密码和机房钥匙也要由美国控制。

改革开放后，中国开始研发超级计算机。或许是由于“玻璃房子”事件的刺激，中国在这一领域的进步极其迅猛。

1983 年 12 月，我国第一台每秒运算达 1 亿次以上的计算机——“银河一号”研制成功，中国开始了超算世界的征程。“银河二号”“银河三号”“银河四号”接踵而来，算力从每秒 1 亿次上升到每秒 1 万亿次。中国也成为少数能发布 5 ~ 7 天中期数值天气预报的国家之一。中国在 1992 年还研制成功“曙光一号”超级计算机，开辟了另一序列。

几十年间，中国的超算行业从完全进口美国产品，到进口 CPU 自己制造超级计算机，再到使用自己的 CPU 和加速器制造超级计算机；从开发低性能的超级计算机，到成为超算大国，中国超级计算机研制走出了一条自主创新的发展道路。

连冠超算舞台

“银河”系列和“曙光”系列虽然成功，但由于它们都属于向量型计算机，有一些限制依然无法突破。并行型计算机则被看做是超级计算机的发展方向，于是中国开始研发“神威”超级计算机，并于 1999 年研制成功。

2004 年年底，中国超级计算机突破每秒 10 万亿次大关；

△“神威 2”超级计算机

2010 年，“天河一号”登上世界超级计算机 TOP500 排名榜第一名。“天河二号”更是自 2013 年问世以来，连续 6 次位居世界超级计算机 TOP500 排名榜榜首。

2017 年，在美国丹佛举行的全球超级计算大会上，由清华大学地球系统科学系副教授付昊桓等共同领导的团队所完成的“非线性地震模拟”应用获得国际高性能计算应用领域最高奖“戈登·贝尔”奖，该项目基于“神威·太湖之光”超级计算机强大的计算力完成，实现了我国高性能计算应用在此项大奖上的蝉联。

“戈登·贝尔”奖设立于1987年，是国际高性能计算应用领域的最高奖项，旨在鼓励将超级计算机的超强计算能力投入应用之中。该奖项创办以来，美、日研究人员凭借运行在美国“泰坦”超级计算机、日本“京”超级计算机上的应用，都曾连续获得该奖项。2016年，基于“神威·太湖之光”的应用“千万核可扩展大气动力学全隐式模拟”获得“戈登·贝尔”奖，实现了该奖创办30年以来我国零的突破。

“非线性地震模拟”设计实现了高可扩展性的非线性地震模拟工具，是超级计算机在地震灾害研究方面的一次成功应用。

即使是在科技高度发展的今天，预测地震仍然是世界性难题。地震等地质灾害对生命健康、经济社会发展产生巨大的破坏，不断驱动科学家和工程师去研究、模拟甚至预测地震。“非线性地震模拟”项目首次实现了对1976年唐山大地震的高分辨率精确模拟，使科学家可以更好地理解唐山大地震所造成的影响，并对未来地震预测预防等研究具有重要借鉴意义。

研究团队选取了唐山大地震震源附近320千米 ×312千米 ×40千米的空间区域，以0.001秒为时间单位，精确模拟了该区域在地震发生后150秒内的地质变化，分辨率可达到8米，频率可达到18赫。分辨率越高、频率越高，对地震模拟刻画越精确，能模拟地震的震级越大，而频率越高，则对高频信息的刻画越准确。而在此之前，美国团队在“泰坦”超级计算机上运行的地震模拟，分辨率和频率分别只有 20 米、10 赫。

预测地震的主要困难在于要同时对时间、空间和地震强度进行预测，而付昊桓团队将地震预测问题转化为地震模拟“亚”问题，对已知地点发生的地震进行时间、地震强度的模拟，针对余震预测、震级－频度关系、基于地震过程情景模拟的震害预测等进行了研究，难度大幅降低，对抗震防灾同样有重要意义。

“神威·太湖之光”有多快

位于江苏无锡的“神威·太湖之光”是我国第一台全部采用国产处理器构建的超级计算机。“神威·太湖之光”的整个机房有三列机柜组，共包括 40 个运算机柜和 8 个网络机柜，每个运算机柜都由 4 组 32 块运算插件组成，共安装了 40960 个中国自主研发的“申威 26010”众核处理器。

“神威·太湖之光”的系统峰值性能达到每秒 12.5 亿亿次，计算能力相当于 200 多万台普通笔记本电脑同时工作，持续性能达到每秒 9.3 亿亿次，性能功耗比每瓦特 60.5 亿次。超强算力的背后，是峰值性能超过每秒 3 万亿次的“申威 26010”众核处理器的加持。

目前，“神威·太湖之光”已应用于航空航天、地球科学、

△“神威 · 太湖之光”超级计算机

海洋环境、气象气候、生物医药、工业制造等 20 多个领域，服务用户超 300 家，已经完成 1000 余项应用课题的计算任务，平均每天完成超 7000 项作业任务。

E 级超算　下一顶皇冠

如今，新一代百亿亿次超算也就是 E 级超算正成为各国在超算领域追逐的新目标。

面对世界超算的高速发展，中国已超前布局了下一代超算。2016 年，科技部结合《中华人民共和国国民经济和社会发展第十三个五年规划纲要》，通过国家重点研发计划支持，开始分两期启动我国 E 级计算机研制计划。第一期主要为“E 级计算机关键技术”研究，安排了三个 E 级原型样机的研制，第二期为具体研制 E 级计算机。

国防科技大学和国家超级计算天津中心等团队合作承担了“‘天河三号’ E 级原型机系统”研制项目。经过持续的关键技术攻关和突破，原型系统研制成功，并在国家超级计算天津中心部署完成。

依托于全面技术创新，“‘天河三号’ E 级原型机系统”实现了可适应科学计算和数据处理多应用需求的柔性体系结构，突破了计算、访存、通信三方平衡的高性能计算节点技术，可支持 10 万节点规模的高速互联和光电混合高速信号传输技术，高效靶向散热冷却技术，用户透明的高性能计算环境软件支撑等技术。

截至 2023 年年底，我国已经形成 14 个超算中心，分别位于天津、广州、长沙、深圳、济南、无锡、郑州、昆山、成都、西安、乌镇等地。在越来越多利好政策的引导下，中国超算步入了发展的快车道。

“东数西算”助推国家算力跃迁

党的十八大以来，以习近平同志为核心的党中央把实施网络强国战略和国家大数据战略、加快建设数字中国作为举国发展的重大战略，出台一系列重大政策，做出一系列战略部署。2021 年 2 月，“东数西算”工程正式全面启动，这是继“西气东输”“西电东送”“南水北调”后又一项国家重要战略工程。

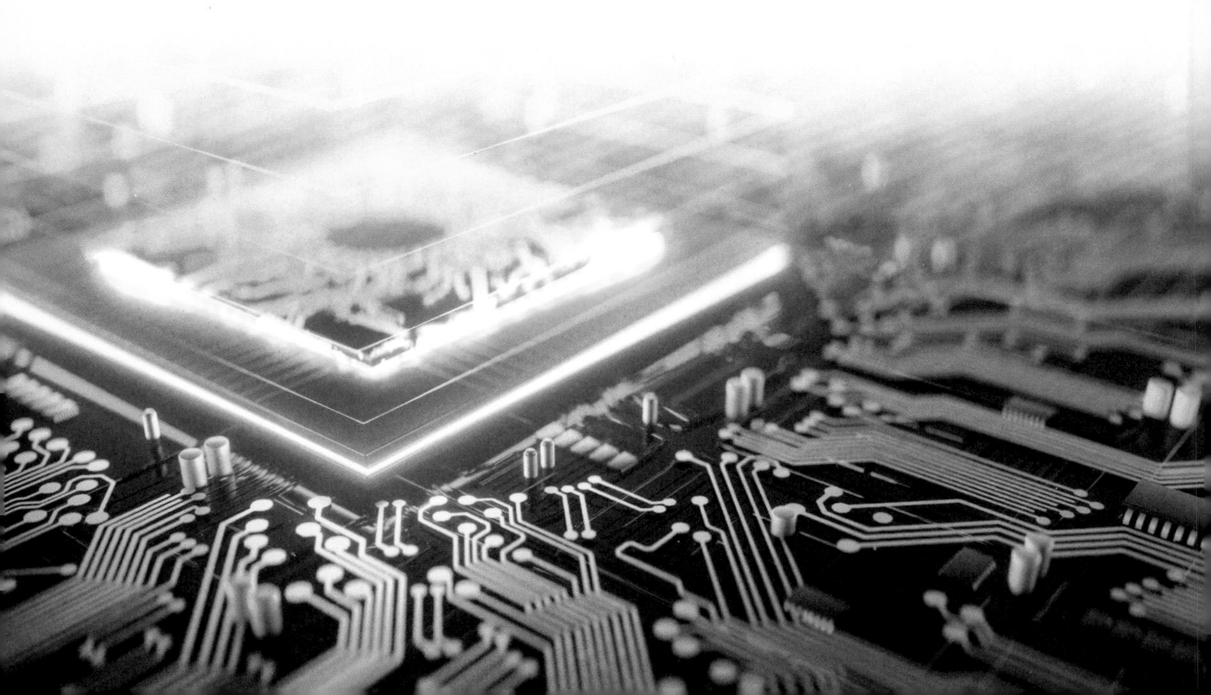

2022 年我国算力核心产业规模达到 1.8 万亿元，算力规模位居全球第二。算力作为信息时代的关键生产力要素，成为挖掘数据要素价值、推动数字经济发展的核心支撑力和驱动力。

数据成为国家基础性战略资源

数据蕴含巨大的价值，具有重要的战略意义。在信息时代，没有数据参与社会或经济活动，已不可想象。数据源于人类认识自然、改造自然、推动社会经济发展的各类活动，信息技术推进数据的规范化和格式化，使数据不断升华为信息和知识，最终成为全人类的“数据宝藏”，又被重新投入新一轮的各类社会经济活动中，创造出更大的价值。

数据的价值及意义体现在四个方面：

提供了人类认识复杂系统的新思维和新手段。数据为人类提供了基于大数据触摸、理解和逼近现实复杂系统的可能性，从而使数据密集型科研成为继实验科学、理论科学和计算科学之后，人类探索未知、求解问题的一种新型范式。

成为促进经济转型增长的新引擎。一方面，数据将大幅度促进产业转型、催生新业态；另一方面，对数据的采集、管理、交易、分析等业务也将成长为具有巨大潜力的新兴市场。

成为提升国家综合能力和保障国家安全的新利器。数据资源成为国家核心战略资产和社会财富，国家信息能力是重塑国家竞争优势的决定性因素。掌握数据并利用好数据将大幅提高情报收集和分析能力，促进国家安全。

成为提升政府治理能力的新途径。政府可以通过数据揭示政治、经济、社会事务中传统技术难以展现的关联关系，为有效处理复杂社会问题提供新的手段。

数字经济成为高质量发展新引擎

2022 年 1 月 16 日，《求是》杂志发表习近平总书记重要文章《不断做强做优做大我国数字经济》，文章提出了数字经济健康发展的“三个有利于”：有利于推动构建新发展格局，有利于推动建设现代化经济体系，有利于推动构筑国家竞争新优势。

我国在 1994 年 10 月 20 日第一次联通互联网，向世界发出了第一封电子邮件：Across the Great Wall，we can reach every corner in the world（越过长城，走向世界），由此揭开了中国人使用互联网的序幕。

2008 年，我国网民数量首次超过美国跃居世界第一。2011 年，手机网民数量首次超越计算机网民，进入移动互联网时代。目前，我国已建成全球规模最大的光纤宽带和 5G 网络。截至 2023 年年底，5G 基站数达到 337.7 万个，5G 移动电话用户达 8.05 亿户。

中国信息通信研究院发布的《全球数字经济白皮书（2023 年）》指出，数字经济正成为全球产业发展与变革的重要引擎。从整体看，2022 年，全球 51 个国家数字经济增加值规模为 41.4 万亿美元，占 GDP 比重为 46.1%。

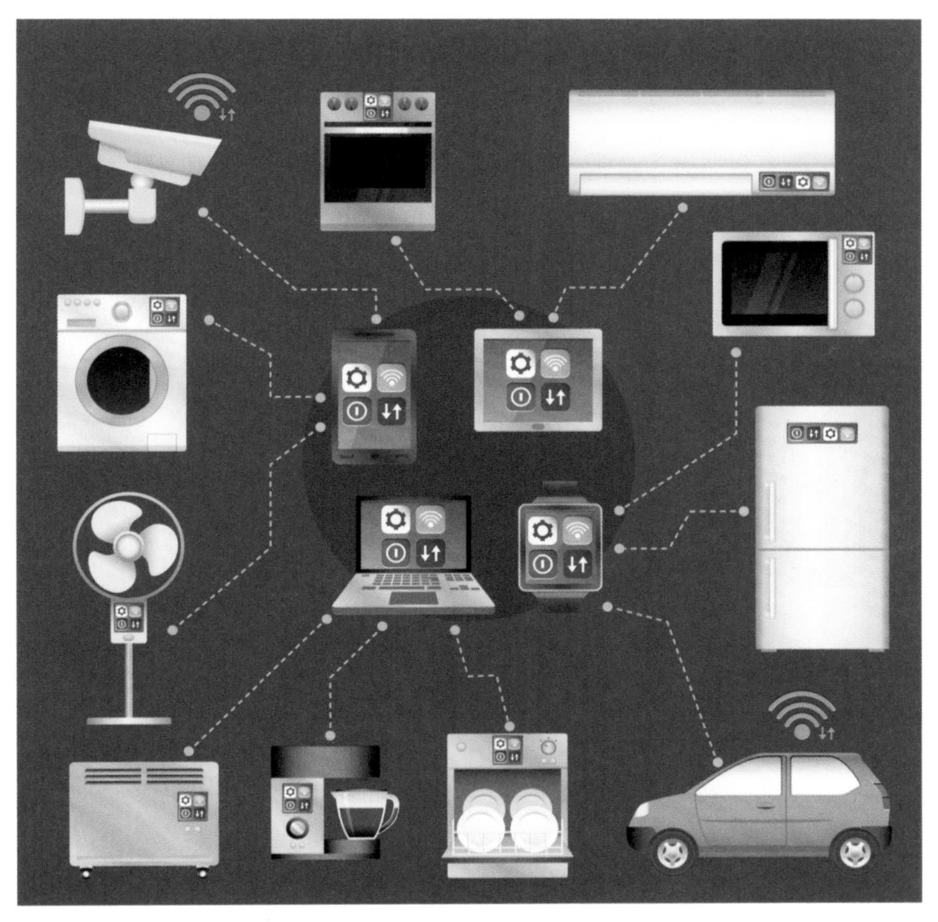

△ 智慧生活

各主要国家数字经济加速发展。规模上，美国数字经济蝉联世界第一，规模达到 17.2 万亿美元，中国位居第二，规模为 7.5 万亿美元（2020 年为 5.4 万亿美元）。

过去的十余年间，我国数字经济占国内生产总值比重由 21.6% 提升至 41.5%。我国数字经济规模连续多年位居全球第二，其中电子商务交易额、移动支付交易规模位居全球第一，一批网信企业跻身世界前列，新技术、新产业、新业态、新模式不断涌现，推动经济结构不断优化、经济效益显著提升。

习近平总书记强调，要加强战略布局，加快建设以 5G 网络、全国一体化数据中心体系、国家产业互联网等为抓手的高速泛在、天地一体、云网融合、智能敏捷、绿色低碳、安全可

△ 2018 年，徐工集团建成全球首条起重机转台智能焊接生产线

△ 信息技术与农业深度融合

控的智能化综合性数字信息基础设施，打通经济社会发展的信息“大动脉”。

“东数西算”助推国家算力跃迁

算力作为新生产力，正在加速数字经济和实体经济深度融合，不断催生新产业、新业态、新模式，成为发展现代经济的新动能。联合国贸易和发展会议发布的《2021 年数字经济报告》指出，全球 50% 以上的超大规模数据中心位于美国和中国。

2022 年 2 月，国家发展改革委、中央网信办、工业和信息化部、国家能源局联合印发通知，同意在京津冀、长三角、粤港澳大湾区、成渝、内蒙古、贵州、甘肃、宁夏 8 地启动建设国家算力枢纽节点，并规划了 10 个国家数据中心集群。“东数西算”工程正式全面启动。

“东数西算”中的“数”，指数据，“算”指算力，即对数据的处理能力。“东数西算”工程通过构建数据中心、云计算、大数据一体化的新型算力网络体系，将东部算力需求有序引导到西部，优化数据中心建设布局，促进东西部协同联动。

与“西气东输”“西电东送”“南水北调”等工程相似，

“东数西算”是一个国家级算力资源跨域调配战略工程，针对我国东西部算力资源分布总体呈现出“东部不足、西部过剩”的不平衡局面，引导中西部利用能源优势建设算力基础设施，“数据向西，算力向东”，服务东部沿海等算力紧缺区域，解决我国东西部算力资源供需不均衡的现状。

“东数西算”工程将算力资源提升到水、电、燃气等基础资源的高度，统筹布局建设全国一体化算力网络国家枢纽节点，助力我国全面推进算力基础设施化。算力，这种新生产力的跃迁，将极大改变人类的生产生活方式，驱动经济社会发生深刻变革。

神箭
中国航天
CZ-2F

逐梦九天

探索浩瀚宇宙，发展航天事业，建设航天强国，是中华民族不懈追求的航天梦。2013 年 6 月 24 日，习近平总书记同“神舟十号”航天员亲切通话，指出“航天梦是强国梦的重要组成部分。随着中国航天事业快速发展，中国人探索太空的脚步会迈得更大、更远”。

自 1956 年以来的 60 余年，我国航天事业从无到有、从小到大、从弱到强，创造了举世瞩目的辉煌成就。党的十八大以来，党中央高度重视和关心航天事业发展，将航天强国建设纳入中华民族伟大复兴战略全局统筹谋划。习近平总书记多次做出重要指示，致电祝贺航天重大工程进展，为建设航天强国提供了根本遵循。我国航天事业取得一项项具有里程碑意义的成就，为推动世界航天事业发展贡献了中国智慧、中国方案、中国力量。

2020 年 7 月 31 日，“北斗三号”全球卫星导航系统正式开通。北斗导航不仅为全球用户提供全天候、全天时、高精度的定位导航授时服务，也融入电力、金融、通信等基础设施，广泛应用于交通运输、农林牧渔、气象测报、应急救援等领域。目前，中国在轨卫星数量超过 900 颗，这些卫星所提供的服务渗透到每一个生活角落、每一个社会场景。

2020 年 12 月 17 日，“嫦娥五号”返回器携带月球样品返回地球。我国成为从月球取样返回的第三个国家，探月工程“三步走”任务完美收官。

2021 年 5 月 15 日，搭载着“祝融号”火星车的“天问一号”探测器成功着陆火星，我国成为世界上第二个成功着陆火星并开展巡视探测的国家，同时创造了通过一次任务完成火星环绕、着陆和巡视三大目标的历史纪录。2021 年 10 月 14 日，我国首颗太阳探测科学技术试验卫星“羲和号”成功发射。我国在行星探测领域跨入世界先进行列。

2021 年 6 月至今，“神舟”系列载人飞船顺利将多批次航天员送入太空，中国空间站步入有人长期驻留时代。2022 年 11 月，中国空间站三舱形成水平对称的“T”字构型。2023 年 10 月 23 日，“神舟十七号”载人飞船点火升空，将汤洪波、唐胜杰、江新林三名航天员送往“天宫”空间站。“神舟十七号”载人飞船是我国载人航天工程进入空间站应用发展阶段的第二次载人飞行任务，也是工程立项实施以来的第 30 次发射任务。

如今，我国在空间科学、空间技术、空间应用、学术交流、人才培养等领域的国际合作取得丰硕成果。中国把外层空间视为人类共同的财富，把探索、开发、和平利用外层空间视为人类共同的追求。浩渺太空，无垠宇宙，探索永远没有终点。

中国空间站遨游太空

2021 年 4 月 29 日，“天宫”空间站“天和”核心舱成功发射，“神舟十二号”“神舟十三号”和“神舟十四号”等航天员乘组相继执行空间站关键技术验证任务，宣告我国开启空间站任务新时代。2023 年 10 月 26 日，搭载“神舟十七号”载人飞船的“长征二号”F 运载火箭，在酒泉卫星发射中心点火升空，这是我国载人航天工程进入空间站应用与发展阶段的第二次载人飞行任务。

▽中国空间站

在未来空间站任务中，中国载人航天工程将以更加开放的姿态，在设备研制、空间应用、航天员培养、联合飞行和航天医学等多个方面，积极开展国际交流与合作，与世界各国特别是发展中国家，分享中国载人航天发展成果。

空间实验室任务屡奏凯歌

2016 年，中国航天事业创建 60 周年之际，载人航天空间实验室飞行任务也拉开了大幕。面对一年内 4 次的高密度发射任务，以及新火箭、新发射场、新飞船等诸多考验，勇于创造奇迹的中国航天人牢记习近平总书记关于“探索浩瀚宇宙，发展航天事业，建设航天强国”的重要指示，在飞天路上屡奏凯歌。

△ 2016 年 9 月 15 日“天宫二号”空间实验室成功发射（琚振华 / 摄）

2016年6月25日，“长征七号”一飞冲天，完成新一代中型运载火箭和海南文昌新型滨海发射场的首秀之战。

2016年9月15日，“天宫二号”空间实验室在“长征二号”F/T2火箭的托举下飞入太空，这是中国第一个真正意义上的太空实验室，安排开展地球观测和空间地球系统科学、空间应用新技术、空间技术和航天医学等领域的应用和实（试）验，应用载荷数量大幅增加，领域进一步拓展，载人航天事业进入了应用发展的新阶段。

2016年10月17日，“神舟十一号”飞船载着航天员景海鹏、陈冬搭乘“长征二号”F遥十一火箭冲入太空。19日凌晨，“神舟十一号”与“天宫二号”空间实验室交会对接。“神舟十一号”载人飞船在轨飞行33天，组合体飞行期间，相继

△“神舟十一号”航天员景海鹏、陈冬（李晋/摄）

开展了一系列体现国际科学前沿和高新技术发展方向的空间科学与应用任务。

2017 年 4 月 20 日，我国第一艘货运飞船“天舟一号”出征太空，验证了货物补给、推进剂在轨补加等一系列关键技术，“天舟”货运飞船与“长征七号”运载火箭组成的空间站货物运输系统，使得我国空间站建设具备了基本条件。至此，空间实验室阶段任务完美收官！

空间站研制建设稳步推进

我国顺利完成空间站方案设计和关键技术攻关，空间站各舱段及其配套运载火箭、有关试验载荷等各类飞行产品有序进行研制生产和地面试验，载人飞船、货运飞船及其配套运载火箭等相继按计划生产，完成空间站建造。

2020 年 5 月 5 日，“长征五号”B 运载火箭在海南文昌首飞成功，正式拉开我国载人航天工程“第三步”建造空间站任务的序幕。2021 年 4 月 29 日，“天宫”空间站“天和”核心舱成功发射，“神舟十二号”“神舟十三号”和“神舟十四号”等航天员乘组相继执行空间站关键技术验证任务，宣告我国开启空间站任务新时代。

中国空间站命名为“天宫”（TG），基本构型由核心舱、实验舱Ⅰ和实验舱Ⅱ 3个舱段组成，呈水平对称的“T”字构型，提供3个对接口，支持载人飞船、货运飞船及其他来访飞行器的对接和停靠，建成后不仅成为国家太空实验室，更是国际科技合作交流的重要平台。

中国空间站具备支持近地轨道长期载人飞行的能力，安排开展多领域的空间科学实验和技术试验，研究解决人类在太空长期生存的基本问题，开展空间科学与应用基础研究，开展航天新技术验证，努力获取对全人类具有重大科学价值的研究成

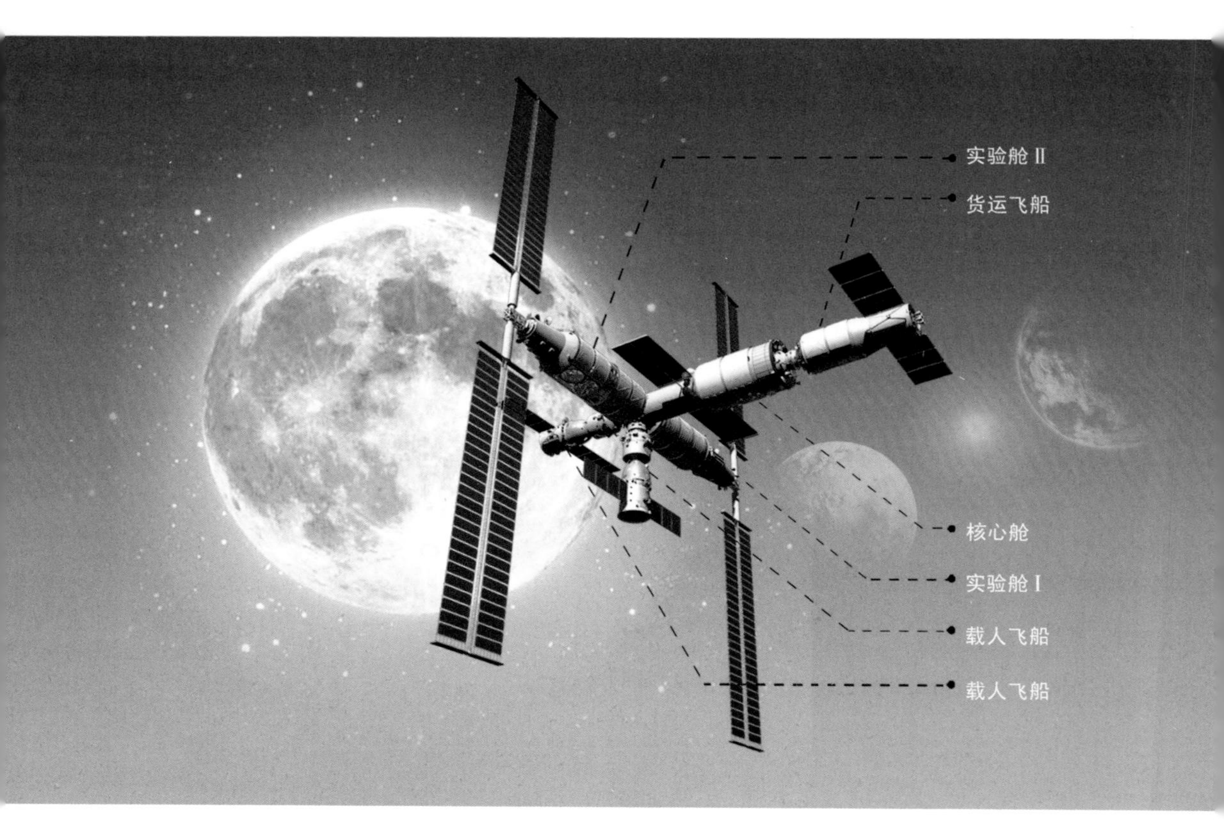

△ 中国空间站示意图

果和重大战略意义的应用成果。

在建设中国人“太空家园”的过程中，遵照习近平总书记“星空浩瀚无比、探索永无止境”“中国人探索太空的脚步会迈得更大、更远”等一系列重要指示，我国还对载人航天后续发展进行深入论证和长远谋划，规划至 21 世纪中叶的载人航天发展路线图，努力推动载人航天事业可持续发展。

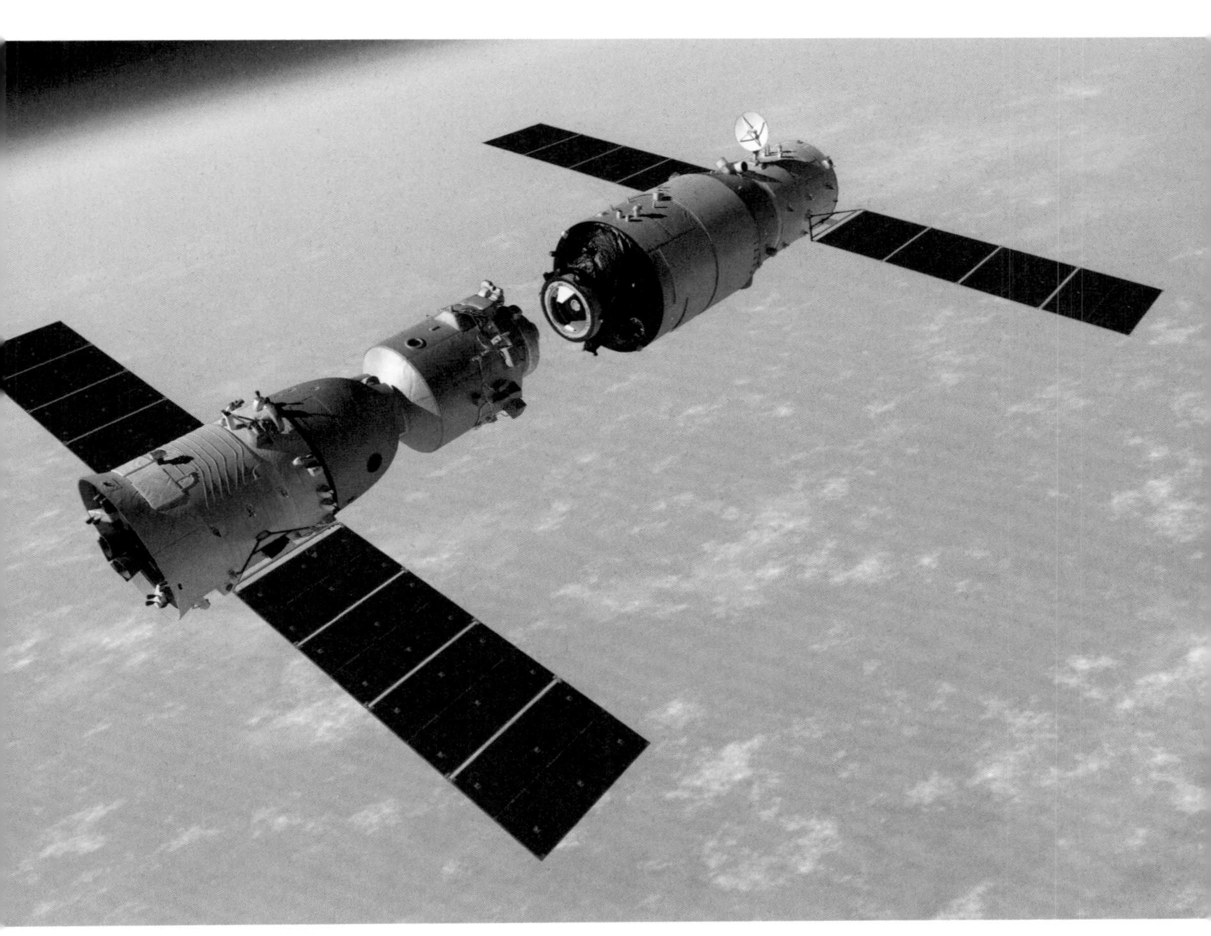

△“天宫一号”与“神舟八号”交会对接示意

国际合作与交流全面展开

2017 年 6 月 6 日，习近平总书记向全球航天探索大会致信指出:“中国历来高度重视航天探索和航天科技创新，愿加强同国际社会的合作，和平探索开发和利用太空，让航天探索和航天科技成果为创造人类更加美好的未来贡献力量。”

我国始终秉持在相互尊重、平等互利、透明开放的原则下，积极与世界有关国家和地区开展交流与合作，共同推动世界航天技术的进步和发展。工程自实施以来，先后与俄罗斯、德国、法国、意大利等国家，以及欧洲太空局、联合国外空司等航天机构和组织签署了多项政府间、机构间的合作协议，开展了一系列务实合作和交流活动。

“神舟五号”飞行任务期间，航天员杨利伟将联合国旗带入太空，联合国旗第一次随中国人环游宇宙;“神舟八号”飞船上，中德联合开展了空间生命科学实验；空间实验室任务阶段，安排了伽马暴偏振探测仪和失重心血管功能研究两项国际合作项目。2013 年，中国与联合国外空司在北京共同举办了载人航天技术国际研讨会；2016 年，我国航天员叶光富赴意大利参加了欧洲太空局组织的洞穴训练；2017 年，中欧航天员联合进行了海上救生训练。“天舟一号”任务期间，联合国外空司司长及6个国家驻维也纳联合国办事处代表，应邀来华参观载人航天工程有关设施，并在文昌航天发射场现场观摩“天舟一号”货运飞船发射任务。一张张国际面孔见证了中国载人航天事业的不断发展，在中国人的努力下，人类的载人航天活动更加丰富多彩。

在未来空间站任务中，中国载人航天工程将以更加开放的姿态，在设备研制、空间应用、航天员培养、联合飞行和航天医学等多个方面，积极开展国际间的交流与合作，与世界各国特别是发展中国家，分享中国载人航天发展成果。中国愿与世界各国一起，共同推动载人航天技术发展，为和平利用太空、造福全人类作出更加积极的贡献。

中国载人航天工程不断发展壮大，随着中国航天事业快速发展，中国人探索太空的脚步会迈得更大、更远，中国载人航天工程的明天必将更加辉煌。

中国的北斗
成为“世界的北斗”

2020 年 7 月 31 日，“北斗三号”全球卫星导航系统正式开通，北斗导航系统向全球提供服务，中国北斗开始为世界导航。卫星导航系统是全球性公共资源，中国始终秉持和践行“中国的北斗，世界的北斗”的发展理念，积极推进北斗系统国际合作，让北斗系统更好地服务全球、造福人类。

▽ 北斗应用示意图

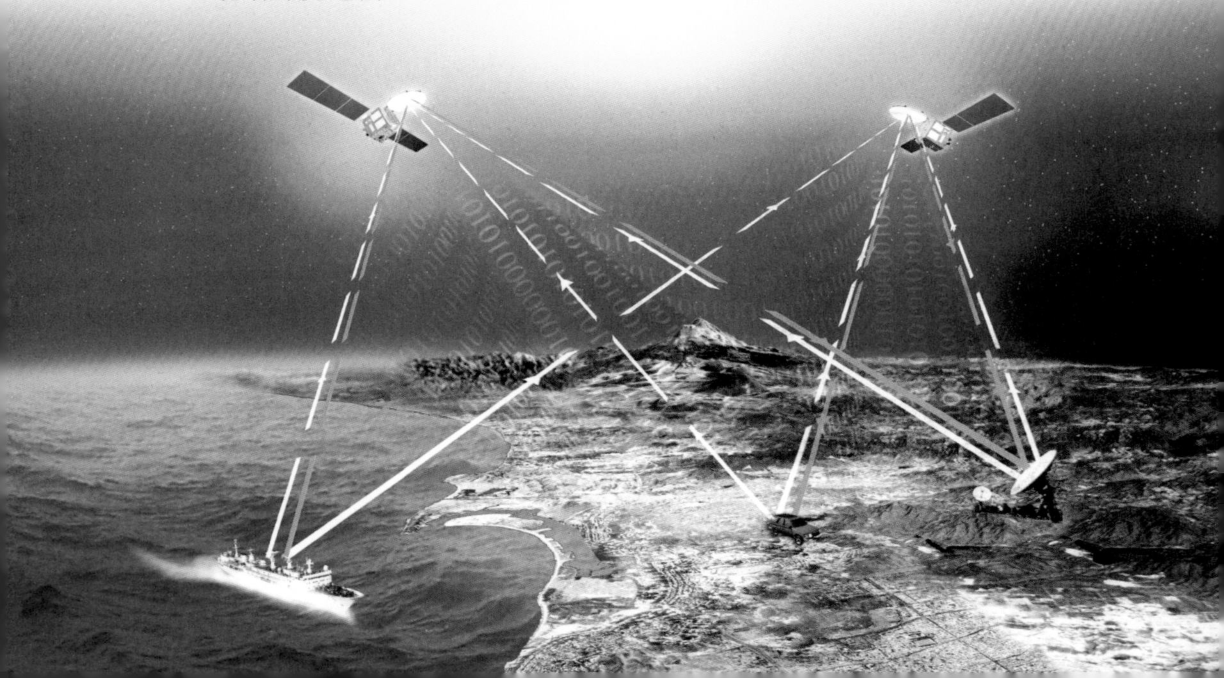

有惊无险　北斗卫星零窗口雷电发射

“北斗二号”工程于 2004 年 8 月立项，历时 8 年完成研制建设，全国 300 多家单位、8 万余名科技人员参研参建，建成了由 14 颗组网卫星和 32 个地面站天地协同组网运行的“北斗二号”卫星导航系统。在全国人民和各有关部门的大力支持下，参与系统研制、建设、试验、应用和管理的全体人员，按照“质量、安全、应用、效益”的总要求，坚持“自主、开放、兼容、渐进”的发展原则，瞄准建设世界一流卫星导航系统目标，大力协同、奋力攻关，完成了我国卫星导航系统第二步承前启后的建设任务，走出了一条中国特色卫星导航发展道路。

“北斗二号”卫星导航系统的建设过程并非一帆风顺。2011 年 7 月 27 日，矗立在发射塔架上的第九颗北斗导航卫星发射在即，天空却突然乌云密布，天降雷雨。雷电是卫星发射的最大威胁，因为准备发射的火箭体内已经装满了燃料，稍微有一丁点儿火花，都可能引起爆炸，炸毁火箭和卫星，让一切投入化为灰烬。通常，遇到雷电天气，大多数航天发射任务就会推迟。但是，北斗卫星导航系统不行。与其他航天器不同，北斗卫星导航系统是一个系统工程，必须相继发射多颗卫星组成一个卫星星座，才可以实现它提供的服务。因此，每一颗卫

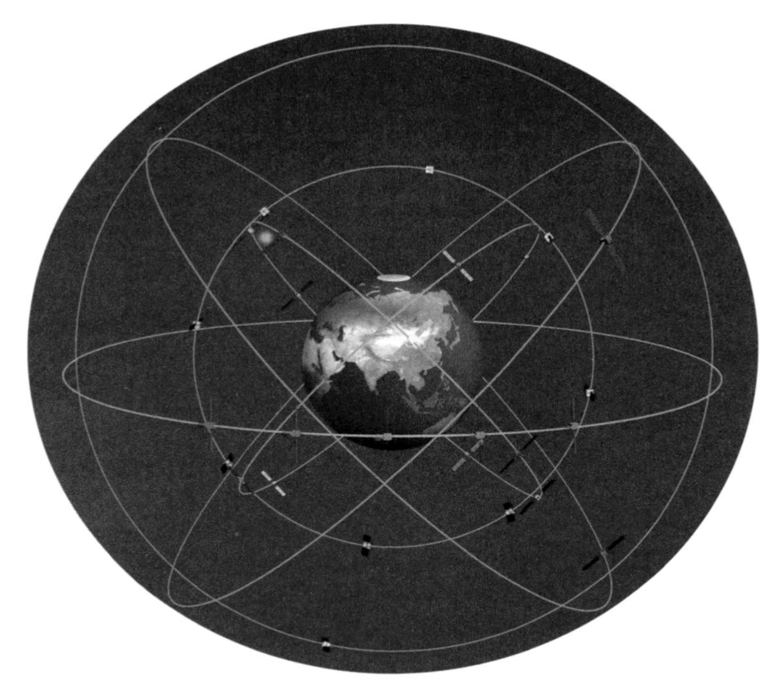

△ 北斗卫星导航系统组网示意图

星的发射时间大概在它还是一张图纸的时候，就已经基本确定了。可以说，每颗卫星的成功都将成为未来连续成功的基础，任何一次抉择都将关系到未来的成败。为了按时组网，北斗卫星必须“零窗口”发射。

什么是零窗口？卫星发射窗口，可以理解为顺利发射卫星入轨的时间。就好比骑马射移动靶，人和靶都在动，只有人、箭、靶三点一线的时候才可以射中，这个三点一线的时刻，就是窗口。卫星发射窗口只有 40 分钟，很有限。而零窗口，就是在预先计算好的发射时间，分秒不差地将火箭点火升空，不允许有任何延误与变更。

当时，天气预报是决策的唯一依据。北斗科研人员在等，也在盼，火箭从起飞到飞离云层只需要不到 100 秒的时间，发射场里所有的人目光凝重，仰望天空，只求这 100 秒天空的平静。40 分钟的发射窗口一点一点过去了，北斗科研人员没有放弃，一遍遍看着天气预报。

就在发射窗口关闭前 5 分钟，天气预报显示雷电可能会有一个短暂的间歇。机会稍纵即逝，北斗科研人员果断决策，火箭破云而出。在这 100 秒的时间里，偌大的指挥中心，连一根针掉在地上的声音都能听到，所有人眉头紧锁，这是在和老天抢时间。100 秒后，火箭冲破云层，卫星安全升空。就在起飞后 45 秒，又一阵电闪雷鸣让心理承受能力已经到了极限的人们再次绷紧了神经。幸运的是，科研人员最终顺利收到了卫星安全入轨的信号。正是“自主创新、开放融合、万众一心、追求卓越”的新时代北斗精神，才让北斗卫星导航系统在短时间内取得了一项又一项的重要成就。

“地上用好”
北斗系统的应用与国际合作

随着北斗系统建设和服务能力的发展，相关产品已广泛应用于交通运输、海洋渔业、水文监测、天气预报、测绘地理信息、森林防火、通信时统、电力调度、救灾减灾、应急搜救等领域，逐步渗透到人类社会生产和人们生活的方方面面，为全球经济和社会发展注入新的活力。目前，北斗系统已形成完整产业链，北斗系统在国家安全和重点领域标配化的使用，在大众消费领域规模化的应用，正在催生“北斗 +”融合应用新模式。

北斗系统基础产品实现历史性跨越。2010 年，国内没有一片国产北斗芯片，现如今，已有坚强的“北斗芯”。国产北斗芯片实现规模化应用，工艺由 0.35 微米提升到 28 纳米，最低单片价格仅 6 元人民币，总体性能达到甚至优于国际同类

△ 2017 年 11 月 5 日，“北斗三号”组网首发双星（梁珂岩 / 摄）

产品。目前，国产北斗芯片累计销量突破 8000 万片，高精度 OEM 板和接收机天线已分别占国内市场份额 30% 和 90%。

行业区域应用显现规模化效益。现如今，北斗系统已在交通运输、海事搜救、气象、渔业、公安、民政、林业等行业开展示范，发挥重大社会效益和经济效益；正在实施珠三角、湘、陕、贵、京、鄂、苏等多个区域示范，广泛服务于人民生活与经济社会发展。540 万辆运营车辆上线，建成全球最大的北斗车联网平台，相比于 2012 年，道路运输重大事故率和人员伤亡率均下降近 50%，公安出警时间缩短近 20%，突发重大灾情上报时间缩短至 1 小时内，应急救援响应效率提升 2

△ 2018 年 2 月，第 28、29 颗北斗导航卫星（史啸 / 摄）

倍。全国4万余艘渔船安装北斗系统产品，累计救助渔民超过1万人，北斗系统已成为渔民的海上保护神。基于北斗系统的高精度服务，已用于精细农业、危房监测、无人驾驶等领域。

大众应用触手可及。北斗系统日益走近百姓生活。世界主流手机芯片大都支持北斗系统，北斗系统正成为国内销售智能手机的标配。共享单车配装北斗系统实现精细管理。支持北斗系统的手表、手环、学生卡，为人们的日常生活提供了更多方便和安全保障。以北京为例，早在2017年就有33500辆出租车、21000辆公交车安装北斗系统产品，实现北斗系统定位全覆盖；1500辆物流货车及19000名配送员，使用北斗系统终端和手环接入物流云平台，实现实时调度。

北斗系统融合互联网催生新业态。中国卫星导航定位协会发布的《2023中国卫星导航与位置服务产业发展白皮书》显示，2022年我国卫星导航与位置服务产业总体产值达5007亿元，同比增长6.76%。2016年发布《中国北斗卫星导航系统》白皮书，启动《中华人民共和国卫星导航条例》编制，成立国家北斗卫星导航标准化技术委员会，形成国家主流媒体、北斗官网官微多方参与的立体宣传体系。北斗系统与互联网、云计算、大数据融合，建成高精度时空信息云服务平台，推出全球首个支持北斗系统的加速辅助定位系统，服务覆盖210个国家和地区，用户突破1.6亿人，日服务达3亿次。国产北斗系统产品输出到90余个国家和地区，包括30余个"一带一路"沿线国家和地区，造福国际社会。北斗系统地基增强系统成体系出口到阿尔及利亚。科威特国家银行在施工过程中采用北斗系统，高精度测量保证施工质量。

△ 北斗卫星示意图

卫星导航系统是全球性公共资源，多系统兼容与互操作已成为发展趋势。中国始终秉持和践行“中国的北斗，世界的北斗”的发展理念，服务“一带一路”建设发展，积极推进北斗系统国际合作，与其他卫星导航系统携手，与各个国家、地区和国际组织一起，共同推动全球卫星导航事业发展，让北斗系统更好地服务全球、造福人类。

全面开展大国合作。我国推动成立中俄卫星导航重大战略合作项目委员会，中美、中欧卫星导航合作工作组；开通中俄卫星导航联合监测平台，与美、俄分别签署系统兼容与互操作联合声明，为多系统实现共赢、全球用户享受更加高效可靠服务做出中国贡献。

广泛参与多边合作。我国积极参与联合国全球卫星导航系统国际委员会，2012 年主办第七届大会，2018 年主办第十三届大会，连续举办多届中国卫星导航学术年会，年度参会人数逾 3000 人。北斗系统已加入国际民航、国际海事、3GPP 移动通信三大国际组织，还将为全球提供免费搜索救援服务。

积极推动服务世界。我国与南亚、中亚、东盟、阿盟、非洲等国家和组织建立合作机制，举办“北斗亚太行”“北斗东盟行”和中阿北斗合作论坛、中沙卫星导航研讨会等系列活动，加强技术交流和人才培养，服务“一带一路”沿线国家和地区。

北斗发展步入新时代

北斗卫星导航系统标志的圆形构型象征“圆满”，与太极阴阳鱼共同蕴含了中国传统文化；深蓝色的太空和浅蓝色的地球代表航天事业；北斗七星是自远古时起人们用来辨识方位的依据，司南是中国古代发明的世界上最早的导航装置，两者结合既彰显了中国古代科学技术成就，又象征着卫星导航系统星地一体，同时还蕴意着中国自主卫星导航系统的名字——北斗；网格化地球和中英文文字代表着我国的北斗卫星导航系统开放兼容、服务全球的美好愿景。

△ 北斗卫星导航系统标志

中国坚持以“自主、开放、兼容、渐进”的原则建设和发展北斗系统。目标是建设世界一流的卫星导航系统，满足国家安全与经济社会发展需求，为全球用户提供连续、稳定、可靠的服务；发展北斗产业，服务经济社会发展和民生改善；深化国际合作，共享卫星导航发展成果，提高全球卫星导航系统的综合应用效益。

随着“中国制造 2025”的到来、互联网技术和信息技术的发展，以及人工智能技术的实现，北斗系统将与高新技术更加紧密地融合，迎来更加广阔的发展前景。

知识链接

北斗系统

古代的中国人依靠天空中的北斗七星来判断方向，发明司南来导航。随着科技的不断发展，现代的我们可以利用太空中的北斗卫星导航系统实现精准导航。

北斗卫星导航系统简称北斗系统，英文名称为 BeiDou Navigation Satellite System，缩写为 BDS，是中国自主建设、独立运行，与世界其他卫星导航系统兼容共用的全球卫星导航系统。20 世纪后期，中国开始探索适合国情的卫星导航系统发展道路。1994 年，“北斗一号”工程立项，工程总设计师为我国首颗卫星“东方红一号”的技术总负责人孙家栋。2000 年，我国成功发射两颗卫星，在天空中搭建了我国的双星定位系统，优先满足了中国定位的需要，真正开创了我国建设卫星导航系统的历史，北斗走上历史舞台。

北斗卫星导航系统是一个组网工程，必须由多个卫星组成星座才能实现。20 世纪初，以我国当时的经济发展水平和技术能力，无法实现一次在全球范围内布星布站。在这种情况下，北斗系统高级顾问、时任总设计师孙家栋独具慧眼，提出“先试验、后区域、再全球”的“三步走”发展战略。作为国家科技重大专项，“三步走”发展战略具体是：第一步，2000 年建成北斗卫星导航试验系统，解决我国自主卫星导航系统的有无问题。第二步，建设北斗卫星导航系统，2012 年形成区域覆盖能力。第三步，2020 年左右，形成全球覆盖能力。北

知识链接

斗卫星导航系统的顺利建设、成功服务，证明了“三步走”战略的正确。我们向世界导航系统提供了一个新的发展模式，这也是世界上第一次使用 IGSO 卫星进行定位，这是中国智慧对世界的又一重大贡献。“北斗二号”系统首创了三种卫星的混合星座——用 5 颗 GEO 卫星、5 颗 IGSO 卫星和 4 颗 MEO 卫星组成北斗星座，不但保留了“北斗一号”的技术能力，还可以优先服务我国及周边，最终走向服务全球。目前，全世界有四大全球卫星导航系统：美国的 GPS、俄罗斯的格洛纳斯、中国的北斗和欧洲的伽利略。

新时代的中国北斗，既造福中国人民，也造福世界各国人民。北斗系统秉持“中国的北斗、世界的北斗、一流的北斗”发展理念，在全球范围内实现广泛应用，赋能各行各业，融入基础设施，进入大众应用领域，深刻改变着人们的生产生活方式，成为经济社会发展的时空基石，为卫星导航系统更好服务全球、造福人类贡献了中国智慧和力量。

新时代的中国北斗，展现了中国实现高水平科技自立自强的志气和骨气，展现了中国人民独立自主、自力更生、艰苦奋斗、攻坚克难的精神和意志，展现了中国特色社会主义集中力量办大事的制度优势，展现了胸怀天下、立己达人的中国担当。

深空探测：征程永无止境

人类的航天活动可以分为三个部分：卫星应用、载人航天和深空探测。人类进行深空探测的第一站，就是距离地球最近的天体——月球。

2020 年 12 月 17 日，“嫦娥五号”返回器携带着 1731 克月球样品返回地球，标志着中国首次地外天体采样返回任务圆满完成，实现探月工程“绕、落、回”三步走的最后一步“回”。

▽“嫦娥三号”的“玉兔”月球车

2020 年 7 月 23 日，“天问一号”探测器成功发射，2021 年 5 月 15 日，中国首辆火星车“祝融号”与着陆器成功登陆火星，2021 年 10 月 14 日，中国首颗太阳探测科学技术试验卫星“羲和号”成功发射，开启了新时代深空探测的新征程。2022 年 10 月 9 日 7 时 43 分，“夸父一号”在酒泉卫星发射中心成功发射升空，实现了我国天基太阳探测卫星跨越式突破。

“嫦娥一号”迈向月球的第一步

探月工程（嫦娥工程），是我国航天事业发展继人造地球卫星和载人航天之后的第三个里程碑。根据《国家中长期科学和技术发展规划纲要（2006—2020 年）》，探月工程作为国家重大科技专项的标志性工程，规划了“绕、落、回”三步走目标，分为探月工程一期、二期和三期。

2004 年 1 月，国家批准探月工程一期——绕月探测工程正式实施，目标是实现环绕月球探测，先后安排了“嫦娥一号”及备份星两次任务。

从 2004 年开始，绕月探测工程在不到四年的时间里，迈出了四大步。从开局、攻坚、决战到决胜，工程各系统全力以赴、密切合作，圆满完成了卫星发射任务，“嫦娥一号”卫星成功进入环月工作轨道。2007 年 11 月 26 日，“嫦娥一号”

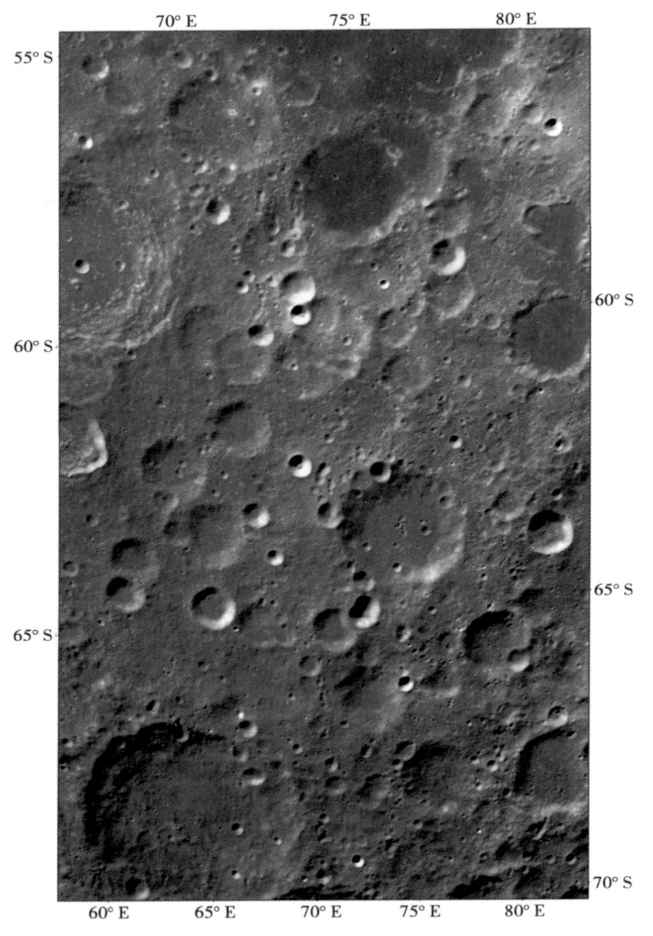

△ 我国第一幅月面图像

卫星传回第一幅月球图片数据，标志着探月工程一期任务圆满完成。“嫦娥一号”卫星在轨有效探测16个月，于2009年3月1日受控撞月，为工程画上圆满的句号。探月工程一期首次实现我国自主研制的卫星进入月球轨道，并获取了120米分辨率的全月影像图以及铀元素含量分布图等。

在绕月探测工程实施的几年里，工程各系统充分发扬“两弹一星”精神和载人航天精神，精心组织，刻苦攻关，圆满完成了工程任务。在工程实施过程中，绕月探测工程队伍形成了极富特色的探月文化。这些理念、作风和要求，既有中国航天文化的典型特征，又有月球探测工程的鲜明特色，

△ 2007 年 10 月 24 日，“嫦娥一号”成功发射

既明确了绕月探测工程必须坚持的指导方针，又体现了绕月探测工程队伍的思想品质和精神风貌，反映出绕月探测工程队伍过硬的工作方法和素质。

探月工程的发展

2008 年 2 月，国家批准探月工程二期立项。主要目标是实现在月面软着陆，开展月面就位探测与自动巡视勘察，安排“嫦娥三号”“嫦娥四号”（备份）两次任务。鉴于二期工程关键技术多、技术跨度大、实施难度高，将“嫦娥一号”备份星命名为“嫦娥二号”，纳入二期工程，作为先导任务。

2010年10月1日，“嫦娥二号”成功发射，在轨探测6个月后，飞赴日地拉格朗日L_2点进行环绕探测，之后对图塔蒂斯小行星进行飞掠探测，成为我国首颗绕太阳飞行的人造小行星，创造了当时中国航天器最远飞行纪录。

2013年12月2日，“嫦娥三号”成功发射，12月14日探测器安全着陆，“嫦娥三号”实现了我国首次、世界第三次地外天体软着陆。12月15日，习近平总书记亲临北京航天飞行控制中心，观看着陆器与巡视器成功实现互拍，“嫦娥三号”任务取得圆满成功。

2011年1月，国家批准探月工程三期立项，标志着探月工程“绕、落、回”三步走最后一步正式启动，目标是实现月面采样返回，安排了“嫦娥五号”“嫦娥六号”（备份）两次任务。为降低工程风险，在正式任务前实施了再入返回飞行试验。再入返回飞行试验任务于2014年10月获得圆满成功，验证了以近第二宇宙速度半弹道跳跃式再入返回等一系列关键技术，为“嫦娥五号”任务奠定了技术基础。

探月工程三期的“嫦娥五号”是中国航天史上迄今难度最大、最复杂的工程。2020年12月17日，“嫦娥五号”返回器在内蒙古四子王旗预定区域成功着陆，获取月球样品1731克，

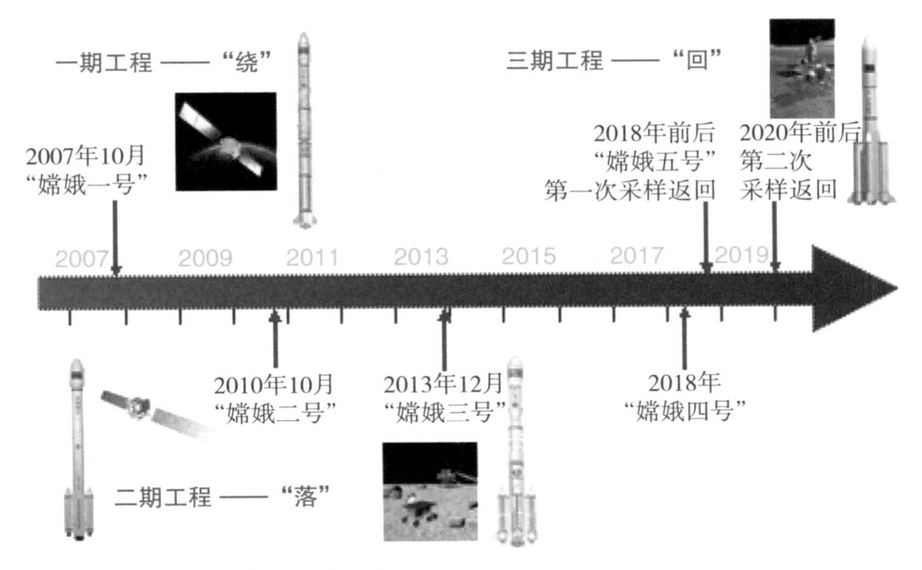

△ 探月工程总体规划（2020 年前）

标志着中国首次地外天体采样返回任务圆满完成，实现探月工程三步走的最后一步——“回”。

从探月到深空探测

实施月球与深空探测工程，是党中央、国务院着眼于我国社会主义现代化建设全局，把握世界科技发展大势，推动我国航天事业发展，促进科技进步，建设创新型国家，提高综合国力，推动人类文明进程，做出的一项重大战略决策。

月球与深空探测是通过开发航天技术，对月球及以远的外太空进行科学探索和空间应用。在世界航天活动蓬勃发展却又起起落落的大背景下，我国探月工程以捷报频传、一步一跨越的瞩目成就，走出了一条中国特色的创新发展之路。

在实施探月工程的同时，我国开展了深空探测论证。国防科工局于2010年开始组织深空探测工程论证，于2011年年底形成了《我国2030年前深空探测工程总体实施方案》。2016年，深空探测列入《中华人民共和国国民经济和社会发展第十三个五年规划纲要》重大科技项目。2016年1月，习近平总书记批准首次火星探测任务工程立项，开启了新时代我国深空探测新的征程。

创新驱动利国利民

带动科学技术发展进步。探月工程的成功实施，突破了月球环绕、软着陆、巡视勘察、高速再入返回、深空测控通信与遥操作、运载火箭多窗口窄宽度发射等多项月球与深空探测领域关键技术，整体达到国际无人月球软着陆和巡视探测先进水平，其中全自主避障着陆、月夜生存等技术处于国际领先水平。

探月工程获取了大量原始科学数据，为月球及天文研究提供了宝贵的第一手基础信息。通过对这些科学数据的长期研究和不断深化应用，取得了一批原创性科学发现，在国际上产生了重要影响，并带动了科学界对地月乃至更远空间的科学认知，推动了空间科学的发展和新兴学科的建立。

探月工程的成功实施，实现了我国航天器研制、特种大型试验验证、深空测控通信能力的全面提升，带动了信息、微机电、动力、新材料、新能源等一批新技术进步，加速了产业化进程，引领了空间技术的创新发展。

促进国民经济和社会发展。探月工程突破了多项关键技术，形成了一批先进试验方法和特种试验设施，已在月球和深空探测后续任务和其他航天工程中得到广泛应用，并可推广到其他相关领域，如建设了国际先进的深空测控网，可广泛应用于航天器的行星际测控通信。低温制冷接收机继续应用于月球与深空探测，并通过技术创新衍生了斯特林换能器和低温冰箱等新产品。探月工程取得的部分成果转化为直接经济效益，如

△ 再入返回飞行试验任务

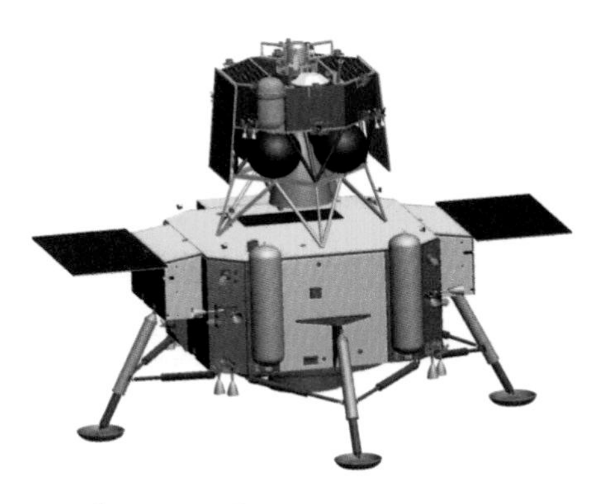
△“嫦娥五号”探测器

“嫦娥三号”着陆缓冲技术转化应用于桥梁撞击防护、公路拦石网、重大灾害空投救援等领域。探月工程取得的显著品牌效应，吸引了社会上许多企业关注、参与并支持探月工程。探月工程全系统形成了数百项专利、逾千篇论文，成果丰硕，经济效益和社会效益十分显著。

提供宝贵的管理经验借鉴。探月工程形成了一套巨系统的项目管理方法，建立了完善高效的组织体系、产品保证体系、质量管理体系、技术管理体系和卓有成效的重大工程独立评估机制、科学与工程紧密对接的工作机制等，取得了指标不降、进度不拖、经费不超的良好效果，为月球与深空探测后续任务和其他航天工程的发展奠定了坚实基础，也为国家其他重大科技工程的实施提供了宝贵借鉴。

凝聚培养杰出的人才队伍。通过探月工程的实施，凝聚和培养了一大批优秀的工程技术、科学研究和工程管理青年人才，形成了专业齐备、经验丰富、结构合理的创新型人才队伍。许多已成长为其他航天工程和型号的两总和中坚力量、国际航天和空间科学研究领域的杰出人才，为月球与深空探测工程和其他航天工程的发展奠定了坚实基础。

提升综合国力和国际影响力。探月工程的成功实施，树立了我国航天事业发展又一座新的里程碑，为我国从“航天大国”向“航天强国”迈进踏出了坚实的一步，进一步展示和提高了我国的经济实力、科技实力和民族凝聚力，是中华民族为人类探索利用太空作出的又一卓越贡献。同时，在国际上，我国扩大了影响力和话语权，获得了国际社会的高度评价，吸引了欧盟和俄罗斯等国积极参与，形成了由“跟跑、并跑”向“领跑”的态势。月球探测成为我国最具潜在领导力的航天领域，正在走向国际月球与深空探测的舞台中央。

进入 21 世纪以来，世界各航天大国在月球及深空探测领域竞争日趋激烈，各航天大国纷纷抢占航天发展制高点。未来的深空探测事业任重而道远。我们要抓住机遇、创新发展；打破惯性思维，探索民营资本进入的机制，扩大社会参与度；加强国际政策、布局等战略研究，以构建人类命运共同体的理念为指导，推动国际大科学计划和大科学工程，为人类的月球与深空探测事业贡献中国智慧和中国方案。

▽ 首次火星探测任务工程示意图

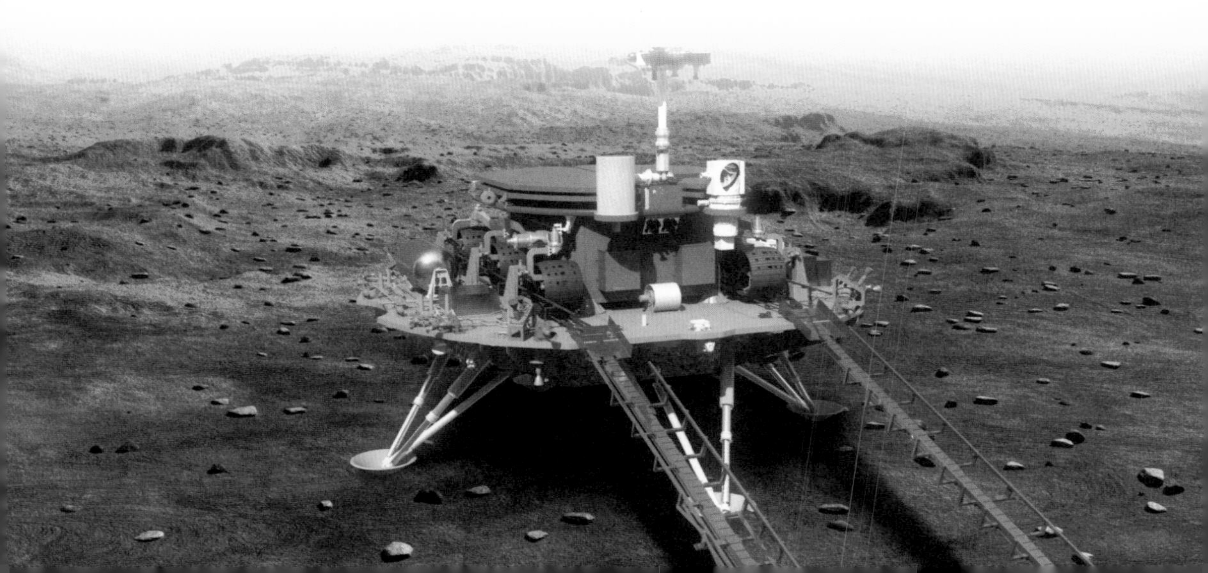

附录

新中国成立 75 周年重大科技成就撷英

1949 年

1949 年 9 月

中国人民政治协商会议第一届全体会议召开，会议讨论了建设国家科学院的提案。10 月 25 日，科学院被正式命名为中国科学院。

1952 年

1952 年 7 月

成渝铁路通车。该铁路完全由中国人自行设计施工，完全采用国产材料修建。

1952 年 7 月

国产第一台仿制蒸汽机车“八一号”在四方机厂完成组装。

1953 年

1953 年 10 月

鞍钢无缝钢管厂自动轧管机组热试轧成功，顺利轧出中国第一根无缝钢管。

1956 年

1956 年 7 月

长春第一汽车制造厂生产出第一辆“解放牌”汽车。

1956 年 7 月

一架银白色的喷气式歼击机腾空而起，我国自主生产的第一架喷气式歼击机“歼 -5”首飞成功。

1957 年

1957 年 10 月

武汉长江大桥建成通车。武汉长江大桥是中国第一座铁路、公路两用长江大桥，被称为“万里长江第一桥”。

1958 年

1958 年 3 月

我国第一台国产电视机——“北京牌”电视机诞生，电视机从此开始走进千家万户。

1958 年 8 月

国产计算机 103 机完成了四条指令的运行，宣告中国人制造的第一部通用数字电子计算机诞生。

1959 年

1959 年 9 月

我国在松辽盆地发现了特大型陆相砂岩油田——大庆油田。

1960 年

1960 年 2 月

上海机电设计院自行设计和制造的 T-7M 试验型液体燃料探空火箭，在上海南汇简易发射场试射成功，开始了中国的“空间时代”。

1961 年

1961 年

年轻的光学工作者王之江、邓锡铭等在光学专家王大珩的率领下，用国产红宝石制造出中国第一台红宝石激光器，并在《科学通报》上发表了第一篇有关激光的文章。

1961 年 12 月

我国第一台万吨水压机开始安装。次年 6 月，我国自行设计制造的 1.2 万吨自由锻造水压机建成并正式投产，中国重型机器制造业迈上新台阶。

1964年

1964年7月

中国第一枚生物火箭——T-7A（S1）火箭发射成功。

1964年10月

我国第一颗原子弹爆炸成功，中国成为世界上第五个拥有核武器的国家。

1965年

1965年6月

我国独立设计研制的第一台大型晶体管电子数字计算机——109乙机研制完成。1965年6月，这台计算机通过国家鉴定，标志着中国进入了电子计算机的“第二代”。

1965年9月

我国科学家成功合成结晶牛胰岛素，这也是世界上第一个人工合成的蛋白质。

1966年

1966年10月

我国首次发射导弹核武器试验获得成功，标志着中国有了实用型导弹核武器。

1967 年

1967 年 6 月

我国第一颗氢弹爆炸成功，中国成为世界上第四个掌握氢弹技术的国家。

1967 年 8 月

空间技术研究院筹备处成立，钱学森任筹备处负责人。

1968 年

1968 年 1 月

我国首艘自行设计建造的万吨级远洋船——“东风号”通过国家验收，拉开了我国大批量建造万吨以上大型船舶的帷幕。

1969 年

1969 年 10 月

北京地铁一号线通车。截至 2023 年 12 月，我国的地铁总里程超过 1 万千米，运营规模位居世界第一。

1970 年

1970 年 4 月

我国发射首枚人造地球卫星“东方红一号”，中国成为继苏联、美国、法国、日本之后，第五个成功发射卫星的国家，中国的航天时代由此真正开启。

1970 年 12 月

我国自主研制的第一艘核潜艇成功下水。1974 年 8 月 1 日，第一艘核潜艇被命名为“长征一号”，正式编入海军战斗序列。

1971 年

1971 年 3 月

我国成功发射第一颗科学实验人造地球卫星，这颗科学试验卫星在太空中运行了 8 年多，于 1979 年 6 月 17 日陨落。

1973 年

1973 年 10 月

袁隆平发表《利用“野败”选育“三系”的进展》一文，正式宣告中国籼型杂交水稻“三系”配套成功。杂交水稻种植面积的推广，为我国粮食增产做出了巨大贡献。

1974 年

1974 年 5 月

大港油田在华北东部滨海地区建成。大港油田的科技工作者们经过多年的艰苦攻关，将盐碱滩变成能源重地。

1975 年

1975 年 9 月

北京大学教师王选把几千兆的汉字字形信息压缩后存进了只有几兆内存的计算机，打开了汉字进入计算机时代的大门。

1975 年 11 月

我国第一颗返回式卫星在酒泉卫星发射中心用“长征二号”运载火箭成功发射。卫星在太空绕地球飞行 47 圈后，返回舱于 11 月 29 日安全返回地面。

1976 年

1976 年 3 月

赵梓森团队在武汉研制出了中国第一根石英光纤，开启了中国光纤数字化通信新时代。

1978年

1978年3月

全国科学大会召开，重申“科学技术是生产力”。之后，这一思想进一步深化为“科学技术是第一生产力”。

1978年

蕨类植物学家秦仁昌在《植物分类学报》第16卷发表《中国蕨类植物科属的系统排列和历史来源》，建立了中国蕨类植物分类的新系统。

1978年9月

北京动物园采用人工授精技术在世界上首次成功繁殖出大熊猫幼崽。

1979年

1979年7月

第一张采用汉字激光照排系统输出的报纸样张《汉字信息处理》问世。

1979年8月

中国科学院大气物理研究所在北京建成的高达325米的气象铁塔正式投入使用。

1979年9月

中国第一条光导纤维通信线路——上海光纤电话线并入上海市内电话网并开始使用。

1980 年

1980 年

中国科学院大气物理研究所与北京大学地球物理系、中央气象台合作成立了联合数值预报室，将东亚大气环流研究的一系列成果发展成中国天气预报的业务模式。

1980 年 5 月

“向阳红五号”海洋科学调查船赴太平洋执行任务，研究厄尔尼诺现象，为我国海洋事业、国防建设和国际海洋合作做出贡献。

1980 年 9 月

我国自主研制的第一架干线客机“运 -10”飞机首飞成功。

1981 年

1981 年 9 月

我国首次使用一枚大型火箭将三颗不同用途的卫星送入地球轨道，成功地实现了“一箭多星”的壮举。

1981 年 11 月

我国在世界上首次合成核酸——酵母丙氨酸转移核糖核酸（$tRNA_y^{Ala}$）。

1982年

1982年

“科技攻关”计划设立。之后我国陆续设立了“星火”“863”“火炬”“973”等计划，国家科技计划体系不断完善。

1982年12月

中国科学院上海有机化学研究所经过大量试验，完成天然青蒿素的人工合成。

1982年12月

建在中国科学院高能物理研究所的中国第一台质子直线加速器，首次引出能量为1000万电子伏的质子束流。

1983年

1983年

中国数学家陆家羲在国际上发表关于不相交斯坦纳三元系大集的系列论文，解决了组合设计理论研究中多年未被解决的难题。

1983年

中国数理逻辑学家和计算机科学家唐稚松提出了世界上第一个可执行时序逻辑语言——XYZ/E。

1983年

中国科学院上海硅酸盐研究所于1982年开始进行BGO晶体研究，于1983年年初在实验室研制出大尺寸BGO晶体，并确定了生产技术路线和方法。

1983年12月

中国第一台每秒运算1亿次以上的巨型计算机——“银河一号”研制成功。

1984 年

1984 年 3 月

我国学者旭日干与日本学者合作，培育出世界上第一胎试管山羊。

1984 年

冯康在北京微分几何与微分方程国际会议上首次系统提出了哈密尔顿系统的辛几何算法。

1984 年 4 月

我国第一颗静止轨道试验通信卫星——“东方红二号”发射成功。

1984 年 12 月

国家南极考察委员会决定向南极洲派出科学考察队，考察队于 1984 年 12 月 26 日到达南极。

1985 年

1985 年 2 月

中国第一个南极科学考察站——中国南极长城站落成。

1985 年 7 月

大功率长波授时台发播长波授时信号，填补了中国在原子授时领域的空白。

1985 年 11 月

南京地质古生物研究所侯先光等在中国《古生物学报》上发表论文，将其在澄江帽天山页岩系中发掘出的纳罗虫动物化石群命名为“澄江动物群”。距今 5.3 亿年的澄江动物群的发现，成为寒武纪大爆发的最有力证据。

1986年

1986年

由中国科学院国家天文台研究员艾国祥主持研制的北京天文台太阳磁场望远镜建成。

1986年

上海瑞金医院王振义教授完成世界公认的诱导分化理论治愈癌细胞的第一个成功案例。

1986年10月

国家种质库在中国农业科学院作物品种资源研究所落成。

1986年12月

中国首个国家重点实验室中国科学院上海分子生物学实验室通过评审验收。

1986年12月

中国科学院物理研究所的赵忠贤教授及他的研究小组发现起始转变温度为48.6开的锶镧铜氧化物超导体。

1987年

1987年6月

上海光学精密机械研究所研制的“神光Ⅰ”高功率激光装置通过国家鉴定，该装置是当时中国规模最大的高功率激光装置。

1987年11月

1.56米天体测量望远镜和25米射电望远镜，在上海天文台建成并开始试运转。

1988 年

1988 年 5 月

中国科学院遗传研究所第一次实现人类基因在植物中的表达。

1988 年 10 月

由中国科学院高能物理研究所建造的北京正负电子对撞机（BEPC）首次实现正负电子对撞，宣告建造成功。

1988 年 10 月

中国内地第一条高速公路——沪嘉高速公路全线通车。

1988 年 12 月

我国自行设计和制造的兰州重离子加速器（HLRFL）在中国科学院兰州近代物理研究所建成出束，标志着中国回旋加速器技术进入世界先进行列。

1989 年

1989 年

中国科学院化学研究所研制成功丙纶级聚丙烯树脂，该项目获 1989 年国家科学技术进步奖一等奖。

1989 年 4 月

中国第一个专用同步辐射光源——合肥同步辐射装置在中国科学技术大学建成出光。

1989 年 5 月

中国科学院高能物理研究所研制的中国第一台 35 兆电子伏质子直线加速器通过专家鉴定。

1989 年 7 月

我国第一艘自行设计、建造的浮式生产储油船——“渤海友谊号”交付使用。

1990 年

1990 年

中国科学院上海技术物理研究所为“风云一号”气象卫星研制的甚高分辨率扫描辐射计获得成功。首颗载有十波段扫描辐射计的“风云一号”C 星于 1999 年 5 月 10 日发射。

1991 年

1991 年 11 月

我国第一台拥有完全自主知识产权的大型数字程控交换机——HJD04 机在邮电部洛阳电话设备厂诞生。

1991 年 12 月

中国第一座自行设计、建设的核电站——秦山核电站首次并网发电。

1992 年

1992 年

我国研制成功对治疗甲肝和丙肝有特殊疗效的合成人工干扰素等一批基因工程药物。

1992 年

中国科学院近代物理研究所在世界上首次合成了汞 -208 和铪 -185 两种新核素，与中国科学院上海原子核研究所合成的铂 -202 一起，实现了我国在新核素合成和研究领域“零的突破”。

1993年

1993年

我国颁布《中华人民共和国科学技术进步法》。之后陆续颁布《中华人民共和国促进科技成果转化法》《中华人民共和国科学技术普及法》等，我国科技立法进程提速。

1993年5月

由中国科学院高能物理研究所、原子能科学研究院、上海光学精密机械研究所和上海原子核研究所等承担的国家“863”高技术项目“北京自由电子激光装置”成功实现红外自由电子激光受激振荡，并于12月28日凌晨顺利实现饱和振荡。

1993年9月

由北京航空航天大学研制成功的中国第一架无人驾驶直升机——“海鸥号”直升机首飞成功。

1993年10月

中国科学院学部委员改称为中国科学院院士。1994年6月，中国工程院成立。至此，我国两院院士制度正式建立。

1994年

1994年4月

我国向世界公布了雅鲁藏布大峡谷的平均深度为5000米、最深处达5382米、谷底宽度仅80～200米、长度为496300米这一重大发现。

1994年5月

大亚湾核电站全面建成并投入商业运营，这是我国内地第一座百万千瓦级大型商用核电站，是继秦山核电站后建成的第二座核电站。

1994 年

1994 年 12 月

中国第一台潜深 1000 米的无缆水下机器人“探索者号”由中国科学院沈阳自动化研究所等单位研制成功。

1994 年 12 月

我国第一架自行研制、拥有自主知识产权的“直 11”型直升机成功实现首飞。

1995 年

1995 年 5 月

中共中央、国务院发布《关于加速科学技术进步的决定》，提出实施科教兴国战略。这是全面落实“科学技术是第一生产力”思想的重大决策，对我国科学技术的发展产生了深远影响。

1995 年 5 月

由中国科学院计算技术研究所研制的“曙光 1000”大规模并行计算机系统通过国家级鉴定。

1995 年 11 月

中国农业科学院植物保护研究所国家重点实验室和山东大学生物系联合培育成功世界上第一株抗大麦矮病毒的转基因小麦品种。

1996 年

1996 年 6 月

中国科学院国家基因研究中心在世界上首次成功构建了高分辨率的水稻基因组物理图。

1996 年 8 月

中国科学院近代物理研究所和高能物理研究所合作，在世界上第一次合成并鉴别出新核素镅 -235。

1996 年

南京大学闵乃本院士领导的课题组研制出能同时出两种颜色激光的准周期介电体超晶格，成功验证了多重准相位匹配理论。

1997 年

1997 年 6 月

“银河三号”百亿次计算机研制成功。

1997 年 6 月

“风云二号”气象卫星（A 星）发射成功。

1997 年 9 月

中美希夏邦马峰冰芯科学考察队在海拔 7000 米的达索普冰川上成功钻取了总计 480 米长、重 5 吨的冰芯。

1997 年

中国科学院沈阳自动化研究所等单位研制的 6000 米无缆自治水下机器人完成太平洋洋底调查任务。

1998 年

1998 年 7 月

中国科学院物理研究所成功制备出长达 2 ～ 3 毫米的超长定向碳纳米管列阵，并可以利用常规试验手段测试碳纳米管的物理特性。

1998 年 7 月

北京有色金属研究总院、西北有色金属研究院、中国科学院电工研究所参与研制的我国第一根铋系高温超导输电电缆获得成功，推进了我国高温超导技术的实用化进程。

1998 年 11 月

中国科学院南京地质古生物研究所孙革及他的研究组在我国辽宁北票地区发现了迄今为止世界上最早的被子植物化石——辽宁古果。这一发现被发表在 1998 年 11 月的《科学》杂志上。

1999 年

1999 年 2 月

上海医学遗传研究所在上海市奉新动物试验场成功培育出我国第一头转基因试管牛。

1999 年 7—9 月

中国首次北极科学考察活动圆满完成三大科学目标预定的现场科学考察计划任务。

1999 年 11 月

中国第一艘载人航天试验飞船“神舟一号”在酒泉卫星发射中心升空。这是中国载人航天工程的第一次飞行试验。

2000 年

2000 年 10 月

我国自行研制的第一颗北斗导航卫星发射成功。

2000 年

袁隆平及他的研究小组研制的超级杂交稻达到农业部制定的超级稻育种的第一期目标——连续两年在同一生态地区的多个百亩片实现亩产 700 千克。

2000 年

由国家并行计算机工程技术研究中心牵头研制成功大规模并行计算机系统“神威Ⅰ”，其主要技术指标和性能达到国际先进水平。

2001 年

2001 年 1 月

我国自行研制的“神舟二号”无人飞船发射成功，标志着我国载人航天事业取得新进展，向实现载人飞行迈出重要的一步。

2001 年

曙光公司研发成功峰值运算速度达 4032 亿次每秒的“曙光 3000”超级并行计算机系统，标志着我国高性能计算机技术和产品走向成熟。

2001 年 2 月

吴文俊、袁隆平获得 2000 年度“国家最高科学技术奖”。这是我国首次颁发“国家最高科学技术奖”。

2001年

2001年8月

被誉为“生命登月”的国际“人类基因组计划”的“中国卷”宣告完成。

2001年10月

我国首次独立完成水稻基因组“工作框架图”和数据库。

2001年11月

中国科学院近代物理研究所的科研人员在新核素合成和研究方面取得新的重要突破，首次合成超重新核素钍-259，使我国的新核素合成和研究跨入超重核区的大门。

2002年

2002年2月

国家重大科研项目——“中国第三代移动通信系统研究开发项目”正式通过专家组验收。

2002年3月

“神舟三号”飞船发射成功。

2002年4月

由中国科学院、中国工程物理研究院研制，建在中国科学院上海光学精密机械研究所的“神光二号”巨型激光器研制成功。

2002年5月

我国在内蒙古苏里格发现首个世界级大气田，探明储量约6000亿米^3。

2002年

2002年9月

我国首枚高性能通用微处理芯片——“龙芯1号”CPU研制成功。

2002年11月

长江三峡水利枢纽工程导流明渠截流成功。

2002年12月

“神舟四号”飞船发射成功。

2003年

2003年1月

上海建成世界上第一条商业化运营的磁浮列车示范线并运行成功。

2003年3月

中国科学院等离子体物理研究所HT-7超导托卡马克实验获得重大突破。

2003年3月

中国科学院计算技术研究所国家智能计算机研究开发中心联合曙光公司共同推出“曙光4000L”超级服务器，标志着百万亿数据处理超级服务器研制成功。

2003年6月

三峡工程坝前水位正式达到135米，“高峡出平湖”的百年梦想变成现实。

2003年10月

我国第一艘载人飞船——“神舟五号”发射成功。

2004年

2004年1月

我国首次研制成功高精度水下定位导航系统。

2004年5月

我国第一座自主设计、自主建造、自主管理、自主运营的大型商用核电站——秦山二期核电站全面建成投产。

2004年7月

“探测二号”卫星发射成功，“地球空间双星探测计划”得以真正实现。

2004年12月

由国家发改委等八部委共同推进的我国第一个下一代互联网主干网CERNET2正式开通。

2005年

2005年1月

中国南极内陆冰盖昆仑科学考察队登上南极内陆冰盖的最高点。

2005年4月

中国大陆科学钻探工程“科钻”1井胜利竣工，在江苏连云港成功深入地下5158米，并在此基础上取得一系列科研成果，这标志着我国“入地”计划获得重大突破。

2005 年

2005 年 4 月

中国科学院计算技术研究所研制的我国首款 64 位高性能通用 CPU 芯片——“龙芯 2 号”问世。

2005 年 10 月

世界上海拔最高、线路最长的高原冻土铁路——青藏铁路全线铺通。

2005 年 10 月

“神舟六号”载人航天飞行圆满完成。

2006 年

2006 年 1 月

“大洋一号”海洋科学考察船经过 297 天的航行，完成了中国首次环球大洋科学考察各项任务。

2006 年 4 月

我国在太原卫星发射中心用“长征四号”乙运载火箭，成功将“遥感卫星一号”送入预定轨道。

2006 年

中国科学技术大学潘建伟教授领导的研究小组在国际上首次成功实现两粒子复合系统量子态的隐形传输。

2006 年

2006 年 9 月

由中国科学院等离子体物理研究所牵头，我国自主设计、自主建造的世界上第一个全超导非圆截面托卡马克核聚变实验装置首次成功完成放电实验。

2006 年 11 月

北京正负电子对撞机重大改造工程第二阶段建设任务基本达到目标。

2007 年

2007 年 4 月

中国首个野生生物种质资源库——中国西南野生生物种质资源库建成。

2007 年 4 月

《自然》杂志刊登以中国科学院南京地质古生物研究所古生物专家为主要成员的中美古生物专家小组的成果，该小组发现了距今 6.32 亿年的动物休眠卵化石。

2007 年 9 月

我国首架拥有自主知识产权的新支线飞机 ARJ21 完成总装。

2007 年

2007 年 10 月

我国首颗月球探测卫星——“嫦娥一号”卫星成功发射，11 月 26 日成功传回第一张月面图片，月球探测工程一期任务圆满完成。

2007 年 10 月

党的十七大明确提出，提高自主创新能力，建设创新型国家。这是国家发展战略的核心，是提高综合国力的关键。

2007 年 11 月

我国首台拥有自主知识产权的 12000 米特深井石油钻机研制成功。

2007 年 12 月

中国科学技术大学与中国科学院计算技术研究所合作研制，采用“龙芯 2 号”芯片的国产万亿次高性能计算机通过国家鉴定。

2008 年

2008 年 7 月

北京正负电子对撞机重大改造工程取得重要进展——加速器与北京谱仪联合调试对撞成功，并观察到正负电子对撞产生的物理事例。

2008 年 8 月

北京至天津城际高速铁路正式开通运营。

2008年

2008年9月

“神舟七号”载人飞船发射成功，航天员翟志刚完成首次太空出舱，迈出了中国人太空行走第一步。

2008年10月

国家重大科学工程——大天区面积多目标光纤光谱天文望远镜（LAMOST）在国家天文台兴隆观测基地落成。

2008年11月

曙光公司研制生产的高性能计算机“曙光5000A”，以峰值速度230万亿次每秒的成绩再次跻身世界超级计算机前10。

2008年11月

中国首架拥有完全自主知识产权的新支线飞机ARJ21“翔凤”在上海首飞成功。

2008年12月

中国下一代互联网示范工程（CNGI）项目历经五年建成世界规模最大的下一代互联网。

2009年

2009年1月

我国在南极内陆冰盖的最高点冰穹A地区建成南极昆仑站。

2009年

国家重大科技基础设施上海同步辐射光源建成，主要性能指标达到世界一流水平。

2009年7月

中国科学院动物研究所周琪研究组等在世界上第一次获得完全由iPS细胞制备的活体小鼠，证明了iPS细胞的全能性。

2009年9月

我国甲型H1N1流感疫苗全球首次获批生产。

2009年10月

中国科学院上海硅酸盐研究所通过和上海市电力公司合作，成功研制拥有自主知识产权的容量为650安时的钠硫储能单体电池。

2009年10月

我国首台千万亿次超级计算机系统“天河一号”研制成功，2009年11月在世界超级计算机TOP500排名榜上排名全球第五、亚洲第一。

2010 年

2010 年 6 月

中国科学技术大学和清华大学组成的联合小组成功实现 16 千米世界上最远距离的量子态隐形传输，比此前的世界纪录提高了 20 多倍。

2010 年 7 月

中国原子能科学研究院自主研发的中国第一座快中子反应堆——中国实验快堆实现首次临界。

2010 年 8 月

我国第一台自行设计、自主集成研制的“蛟龙号”深海载人潜水器的最大下潜深度达到 3759 米。

2010 年 10 月

“嫦娥二号”卫星在西昌卫星发射中心成功升空，探月工程二期揭幕。

2010 年 11 月

国防科技大学研制的“天河一号”超级计算机在世界超级计算机 TOP500 排名榜中登顶，成为全球最快超级计算机。

2010 年 11 月

京沪高速铁路全线铺通。

2011 年

2011 年 4 月

由中国科学院电工研究所承担研制的中国首座超导变电站在甘肃白银正式投入电网运行。

2011 年 5 月

“海洋石油 981”3000 米超深水半潜式钻井平台在上海命名交付。

2011 年

2011 年 7 月

我国第一个由快中子引起核裂变反应的中国实验快堆成功实现并网发电。

2011 年 9 月

袁隆平指导的超级稻第三期目标亩产 900 千克高产攻关获得成功，中国杂交水稻超高产研究保持世界领先地位。

2011 年 11 月

“神舟八号”飞船与“天宫一号”目标飞行器在太空成功实现首次交会对接。

2011 年

“深部探测技术与实验研究专项”集中了国内 118 个机构、1000 多位科学家和技术专家联合攻关，取得一系列重大发现。

2011 年

复旦大学脑科学研究院马兰研究团队发现一种在体内广泛存在的蛋白激酶 GRK5，在神经发育和可塑性中有关键作用。

2011 年 11 月

华中科技大学史玉升科研团队研制成功世界最大的激光快速制造装备。

2012 年

2012 年

党的十八大明确提出，科技创新是提高社会生产力和综合国力的战略支撑，必须摆在国家发展全局的核心位置。2016 年,《国家创新驱动发展战略纲要》发布。

2012 年

“特高压交流输电关键技术、成套设备及工程应用”项目获 2012 年国家科学技术进步奖特等奖。

2012 年

2012 年 2 月

我国发布“嫦娥二号”月球探测器获得的 7 米分辨率全月球影像图。

2012 年 3 月

大亚湾反应堆中微子实验国际合作组宣布发现中微子新的振荡模式，并测得其振荡振幅，精度世界最高。

2012 年 6 月

“神舟九号”载人飞船返回舱顺利着陆，“天宫一号”目标飞行器与“神舟九号”载人交会对接任务获得圆满成功。

2012 年 6 月

“蛟龙号”深海载人潜水器在 7020 米深海底成功坐底，再创我国载人深潜新纪录。

2012 年 10 月

总体性能名列全球第四、亚洲第一的上海 65 米射电望远镜在中国科学院上海天文台松江佘山基地落成。

2012 年 12 月

世界首条高寒地区高速铁路——哈（尔滨）大（连）客运专线正式开通运营。

2012 年 12 月

北斗卫星导航系统正式向我国及亚太地区提供区域服务，服务区内系统性能与国外同类系统相当，达到同期国际先进水平。

2013年

2013年4月

清华大学薛其坤团队成功观测到量子反常霍尔效应。

2013年6月

“神舟十号”飞船实现我国首次载人航天应用性飞行，实施了我国首次航天器绕飞交会试验，这标志着“神舟”飞船与“天宫一号”目标飞行器的对接技术已经成熟，我国进入空间站建设阶段。

2013年6月

国防科技大学研制的“天河二号”超级计算机以33.86千万亿次每秒的浮点运算速度成为全球最快的超级计算机，比第二名快近一倍。

2013年8月

复旦大学微电子学院张卫团队研发出世界第一个半浮栅晶体管（SFGT），我国在微电子器件领域首次领跑世界。

2013年11月

中国科学家在国际上首次发现热休克蛋白90α是一个全新的肿瘤标志物。

2013年10月

浙江大学传染病诊治国家重点实验室李兰娟院士团队成功研制人感染H7N9禽流感病毒疫苗种子株。

2013年12月

“嫦娥三号”探测器携带的“玉兔”月球车在月球开始工作，标志着中国首次地外天体软着陆成功。

2014 年

2014 年 4 月

“海马号”无人遥控潜水器系统实现最大下潜深度 4502 米。

2014 年 6 月

清华大学医学院颜宁研究组在世界上首次解析了人源葡萄糖转运蛋白 GLUT1 的晶体结构。

2014 年 7 月

世界第三大水电站、中国第二大水电站溪洛渡电站，中国第三大水电站向家坝电站机组全面投产发电。

2014 年 7 月

清华大学生命科学学院施一公研究组在世界上首次揭示了与阿尔茨海默病发病直接相关的人源 γ 分泌酶复合物。

2014 年 10 月

由袁隆平团队牵头的“超高产水稻分子育种与品种创制”取得重大突破，首次实现了超级稻百亩片亩产过吨的目标。

2014 年 11 月

再入返回飞行试验返回器在内蒙古自治区四子王旗预定区域顺利着陆，中国探月工程三期再入返回飞行试验获得圆满成功。

2014 年 12 月

“南水北调”中线一期工程正式通水。

2015年

2015年3月

北斗系统全球组网首颗卫星在西昌发射成功，标志着我国北斗卫星导航系统由区域运行向全球拓展的启动。

2015年3月

由中国科学技术大学潘建伟、陆朝阳等组成的研究小组在国际上首次成功实现多自由度量子体系的隐形传态，成果以封面标题的形式发表于《自然》杂志。

2015年7月

中国科学院物理研究所方忠研究员带领的团队首次在实验中发现外尔费米子。

2015年9月

我国新型运载火箭“长征六号”在太原卫星发射中心点火发射，成功将20颗微小卫星送入太空。

2015年10月

屠呦呦获得诺贝尔生理学或医学奖，这是中国本土科学家首次获得诺贝尔科学奖项。

2015年11月

C919大型客机首架机在中国商用飞机有限责任公司新建成的总装制造中心浦东基地总装下线。

2016年

2016年3月

中国科学院上海光学精密机械研究所利用超强超短激光，成功产生反物质——超快正电子源。

2016年6月

中国科学院自动化研究所蒋田仔团队联合国内外其他团队成功绘制出全新的人类脑图谱，在国际学术期刊《大脑皮层》上在线发表。

2016年6月

“神威·太湖之光”超级计算机系统登顶世界超级计算机TOP500排名榜。

2016年6—8月

“探索一号”科学考察船在马里亚纳海沟挑战者深渊开展我国首次综合性万米深渊科学考察。

2016年9月

500米口径球面射电望远镜（FAST）在贵州平塘的喀斯特洼坑中落成。

2016年11月

新一代运载火箭“长征五号”首次发射成功，标志着我国运载能力已进入国际先进行列。

2016年11月

“天宫二号”空间实验室与“神舟十一号”飞船载人飞行任务取得圆满成功。

2017年

2017年1月

我国研制的世界首颗量子科学实验卫星“墨子号”完成四个月的在轨测试，正式交付使用。

2017年5月

国产大型客机C919在上海浦东国际机场首飞。

2017年6月

中国科学院物理研究所科研团队首次发现突破传统分类的新型费米子——三重简并费米子。

2017年7月

全超导托卡马克核聚变实验装置“东方超环”实现稳定的101.2秒稳态长脉冲高约束等离子体运行，创造了新的世界纪录。

2017年11月

中国暗物质粒子探测卫星“悟空号”的首批探测成果在《自然》杂志刊发。

2017年5月

潘建伟科研团队宣布光量子计算机成功构建。

2017年5月

我国首次海域可燃冰试采成功。

2017年7月

港珠澳大桥主体工程实现贯通。

2017年9月

“复兴号”动车组在京沪高铁实现时速350千米商业运营，树立起世界高铁建设运营的新标杆。

2018 年

2018 年 1 月

中国科学院武汉国家生物安全四级实验室成为中国首个正式投入运行的 P4 实验室。

2018 年 1 月

克隆猴“中中”和“华华”登上《细胞》杂志封面，我国科学家成功突破了现有技术无法克隆灵长类动物的世界难题。

2018 年 5 月

我国新一代 E 级超算“天河三号”原型机首次亮相。

2018 年 5 月

北京大学和中国科学院联合研究团队首次获得水合离子的原子级图像。

2018 年 8 月

中国科学院物理研究所、中国科学院大学联合研究团队首次在铁基超导体中观察到了马约拉纳零能模，即马约拉纳任意子。

2018 年 8 月

华中科技大学研究团队历经 30 年艰辛工作，测出国际上最精准的万有引力常数 G 值。

2018 年 9 月

我国水稻分子设计育种取得新进展，“中科 804”在产量、抗稻瘟病、抗倒伏等农艺性状方面表现突出。

2018 年 10 月

国产大型水陆两栖飞机“鲲龙”AG600 成功实现水上首飞起降。

2018 年 10 月

港珠澳大桥正式通车运营。

2019 年

2019 年 1 月

由东方电气集团东方电机有限公司研发制造的世界首台百万千瓦水电机组核心部件完工交付。

2019 年 1 月

“嫦娥四号”实现人类探测器首次月背软着陆。

2019 年 2 月

来自中国科学院物理研究所、南京大学和美国普林斯顿大学的三个研究组分别在《自然》杂志发布研究成果表明，自然界中约 24% 的材料可能具有拓扑结构。

2019 年 2 月

中国科学院植物研究所发现自然界“奇葩”光合物种硅藻捕光新机制。

2019 年 5 月

中国自主研发临床全数字 PET/CT 装备获准进入市场。

2019 年 5 月

中国科学技术大学与南方科技大学团队合作，首次观测到三维量子霍尔效应。

2019 年 5 月

中国科学家联合境内外研究人员在《自然》杂志上发表文章称，发现 16 万年前丹尼索瓦人下颌骨化石。

2019 年 8 月

中国科学家研制成功面向人工通用智能的新型类脑计算芯片“天机芯”。

2019 年 9 月

中国首颗空间引力波探测技术实验卫星“太极一号”在轨测试成功。

2019 年 11 月

中国科学院国家天文台研究团队发现迄今最大恒星级黑洞。

2020 年

2020 年 1 月

南京大学研究团队重现地球 3 亿多年生物多样性变化历史。

2020 年 3 月

我国率先实现水平井钻采深海可燃冰。

2020 年 4 月

山东农业大学研究团队首次克隆出抗赤霉病主效基因，找到小麦“癌症”克星。

2020 年 6 月

北斗全球系统星座部署完成。

2020 年 6 月和 11 月

我国无人潜水器“海斗一号”和载人潜水器“奋斗者号”相继创造深潜新纪录。

2020 年 11 月

中国科学技术大学研究团队率先攻克 20 余年悬而未决的几何难题——“哈密尔顿－田”猜想和“偏零阶估计”猜想。

2020 年 11 月

凭借机器学习模拟上亿原子研究成果，中美团队获 2020 年高性能计算应用领域最高奖项“戈登·贝尔”奖。

2020 年 12 月

“嫦娥五号”探测器完成我国首次地外天体采样任务。

2020 年 12 月

我国新一代可控核聚变研究装置“中国环流器二号 M”在成都正式建成放电。

2020 年 12 月

量子计算原型机“九章”实现“高斯玻色取样”任务的快速求解。

2021年

2021年2月

中国科学院种子创新研究院/遗传与发育生物学研究所李家洋院士团队首次提出异源四倍体野生稻快速从头驯化的新策略，开辟了全新的作物育种方向。2021年2月，相关成果发表于《细胞》杂志。

2021年3月

中国农业科学院蔬菜花卉研究所张友军团队发现被联合国粮农组织（FAO）认定的迄今唯一“超级害虫”烟粉虱，从寄主植物获得了防御性基因。这是现代生物学诞生以来，首次研究证实植物和动物之间存在功能性基因水平转移现象。2021年3月，相关成果在线发表于《细胞》杂志。

2021年4月

由中国科学院理化技术研究所承担的国家重大科研装备研制项目“液氦到超流氦温区大型低温制冷系统研制”通过验收及成果鉴定，标志着我国具备了研制液氦温度（−269℃）千瓦级和超流氦温度（−271℃）百瓦级大型低温制冷装备的能力，可满足大科学工程、航天工程、氦资源开发等国家战略高技术发展的迫切需要。

2021年4月和6月

中国科学技术大学郭光灿院士团队李传锋、周宗权研究组基于稀土离子掺杂晶体研制出高性能固态量子存储器，实现了基于吸收型存储器的多模式量子中继，成功将光存储时间延长至1小时。2021年4月和6月，相关成果分别发表于《自然·通讯》和《自然》杂志。

2021 年

2021 年 5 月

中国科学院高能物理研究所牵头的国际合作组依托国家重大科技基础设施“高海拔宇宙线观测站”（LHAASO），观测到人类迄今观测到的最高能量光子，突破了人类对银河系粒子加速的传统认知。2021 年 5 月，相关成果发表于《自然》杂志。

2021 年 6 月

由“祝融号”火星车拍摄的着陆点全景、火星地形地貌、“中国印迹”和“着巡合影”等影像图发布，标志着我国首次火星探测任务取得圆满成功。

2021 年 6 月和 10 月

“神舟十二号”“神舟十三号”载人飞船相继发射成功，顺利将航天员送入太空，中国空间站步入有人长期驻留时代。

2021 年 9 月

中国科学院天津工业生物技术研究所在国际上首次实现了二氧化碳到淀粉的从头合成，使淀粉生产从传统农业种植模式向工业车间生产模式转变成为可能，取得原创性突破。2021 年 9 月，相关成果在线发表于《科学》杂志。

2021 年 10 月

中国科学院发布“嫦娥五号”月球科研样品最新研究成果。中国科学院地质与地球物理研究所和国家天文台主导，联合多家研究机构通过 3 篇《自然》论文和 1 篇《国家科学评论》论文，报道了围绕月球演化重要科学问题取得的突破性进展。

2021 年 11 月

中国超算应用团队凭借打破“量子霸权”的超算应用，获得国际计算机协会颁发的 2021 年度“戈登・贝尔”奖。

2022 年

2022 年 3 月

清华大学集成电路学院团队首次制备出亚 1 纳米栅极长度的晶体管，该晶体管具有良好的电学性能。2022 年 3 月，相关成果在线发表于《自然》杂志。

2022 年 4 月

中国科研人员通过电催化结合生物合成的方式，将二氧化碳和水高效合成高纯度乙酸，并进一步利用微生物合成葡萄糖和脂肪酸（油脂）。2022 年 4 月，相关成果发表于《自然·催化》杂志。

2022 年 6 月

我国第三艘航空母舰“福建舰”在中国船舶集团有限公司江南造船厂举行了下水命名仪式。

2022 年 6 月

借助于“中国天眼”，中国科学院国家天文台等单位的研究人员发现了全球首例持续活跃的重复快速射电暴 FRB 20190520B。这一发现对于更好理解快速射电暴这一宇宙神秘现象具有重要意义。2022 年 6 月，相关成果发表于《自然》杂志。

2022 年 8 月

国家重大科技基础设施“稳态强磁场实验装置”创造出场强 45.22 万高斯的稳态强磁场，刷新了同类型磁体保持了近 23 年的世界纪录，成为目前全球范围内可支持科学研究的最高稳态磁场。

2022 年 9 月

国家航天局、国家原子能机构联合宣布，中国科学家首次在月球上发现新矿物，并将其命名为“嫦娥石”。

2022 年 10 月

党的二十大在北京召开。党的二十大报告将教育、科技、人才放在第五部分进行统筹部署，被认为是一大创新，具有深刻意义。

2022 年

2022 年 10 月

我国综合性太阳探测卫星“夸父一号”在酒泉卫星发射中心发射升空，正式开启对太阳的探测之旅。

2022 年 10 月

云南大学研究团队测产成功，确定培育出可用于实际生产的多年生水稻品种，可实现栽种一次，多季收割。

2022 年 11 月

“梦天”实验舱与“天和”核心舱完成精准对接，“梦天”实验舱实施水平转位，三舱形成平衡对称的 T 字构型，中国空间站具有里程碑意义的“合体”顺利完成。

2023 年

2023 年 5 月

中国石油塔里木油田公司“深地塔科”1 井开钻入地，这口井设计井深 1.11 万米。“深地塔科”1 井开钻，旨在探索万米级特深层地质、工程科学理论，标志着我国向地球深部探测技术系列取得新的重大突破，钻探能力开启“万米时代”。

2023 年 10 月

“神舟十六号”载人飞船返回舱在东风着陆场成功着陆，此次任务是我国载人航天工程进入空间站应用与发展阶段的首次载人飞行任务。

2023 年

2023 年 11 月

空间太阳能电站（SSPS）是解决能源危机、实现可持续发展的终极答案之一。中国工程院刊物《Engineering》于 2023 年 11 月 30 日系统报道了西安电子科技大学段宝岩院士团队完成的逐日工程——世界首个全链路、全系统 SSPS 地面验证系统，阐述了欧米伽 SSPS 创新设计方案、理论创新、技术突破、工程实现及实验结果。

2023 年 12 月

华能石岛湾高温气冷堆核电站示范工程商运投产，成为世界首个实现模块化第四代核电技术商业化运行的核电站，标志着我国在高温气冷堆核电技术领域实现了全球领先。

2023 年 12 月

由中国科学院国家天文台等单位科研人员组成的中国脉冲星测时阵列研究团队，利用“中国天眼”，探测到纳赫兹引力波存在的关键性证据，表明我国纳赫兹引力波研究与国际同步达到领先水平。12 月 14 日，相关成果入选《科学》杂志 2023 年度十大科学突破。

图书在版编目（CIP）数据

磅礴时代：强国征程的科技力量 / 中国科学技术协会组编 . -- 北京：中国科学技术出版社，2024.9

ISBN 978-7-5236-0756-5

Ⅰ. ①磅… Ⅱ. ①中… Ⅲ. ①科技发展－研究－中国 Ⅳ. ① N12

中国国家版本馆 CIP 数据核字（2024）第 097903 号

策划编辑	秦德继　郑洪炜
责任编辑	郑洪炜　宗泳杉
封面设计	中文天地
正文设计	中文天地
责任校对	张晓莉
责任印制	马宇晨

出　　版	中国科学技术出版社
发　　行	中国科学技术出版社有限公司
地　　址	北京市海淀区中关村南大街 16 号
邮　　编	100081
发行电话	010-62173865
传　　真	010-62173081
网　　址	http://www.cspbooks.com.cn

开　　本	710mm × 1000mm　1/16
字　　数	200 千字
印　　张	18.5
版　　次	2024 年 9 月第 1 版
印　　次	2024 年 9 月第 1 次印刷
印　　刷	北京博海升彩色印刷有限公司
书　　号	ISBN 978-7-5236-0756-5 / N · 326
定　　价	98.00 元